AF368598

OBSERVATIONS

SUR QUELQUES OBJETS D'UTILITÉ PUBLIQUE.

OBSERVATIONS

Sur quelques objets d'utilité publique, pour servir de Prospectus à la seconde Partie de la Physique du Monde, ou à la Carte Hydrographique de la France, & au Traité général de la Navigation intérieure de ce Royaume.

par le Baron de **Marivetz.**

OUVRAGE DÉDIÉ AU ROI.

Agamus bonum Patrem familiæ ; faciamus meliora quæ accepimus. Major ista hereditas a me ad posteros transeat.

SENECA.

Imitons le bon Père de famille ; ajoutons à ce que nous avons reçu, que le domaine de nos successeurs soit augmenté en passant par nos mains.

SENEQUE.

A PARIS,

Chez VISSE, Libraire, rue de la Harpe, près de la rue Serpente.

M. DCC. LXXXVI.

INTRODUCTION.

CE n'est point à satisfaire l'avide curiosité de notre esprit que se borne l'utilité des sciences; la lumière qu'elles répandent éclaire tous les arts utiles, embellit tous les arts agréables. Tout ce qui peut servir à nos besoins ou à nos plaisirs, a déjà reçu & attend encore des Mathématiques, de la Physique & de la Chimie, des instructions & des moyens.

Si le hasard seul a souvent présenté quelques découvertes heureuses, ce n'est qu'à des méditations réfléchies, ce n'est qu'à des travaux assidus, à des connoissances précises; ce n'est enfin qu'à des méthodes, à des procédés, que nous fournissent les Mathématiques, la Physique & la Chimie, qu'il appartient de nous guider vers la perfection de ces découvertes.

Tout est lié dans la nature, tout tient à tout; la science de l'homme, c'est la connoissance des rapports; c'est par elle seule qu'il peut s'élever vers les principes qui déterminent ces rapports. C'est ainsi qu'il peut saisir les points communs où se réunissent différens anneaux de la chaîne des effets, & d'où naissent

A

les différens produits de la nature & de l'art, d'où émanent enfin les loix qui règlent ces produits. Ces loix en dernière analyse remontent toujours à une caufe unique & fimple ; caufe qui n'eft elle-même que la fin ultérieure de tout le fyftème, & le mot de l'énigme de notre Monde.

Laiffons aux ignorans, à ces détracteurs de la Science, dont l'idée feule les humilie, ces queftions fi fouvent répétées : *à quoi cela fervira-t-il? à quoi fervent les Mathématiques, l'Aftronomie, la Phyfique? &c. &c. Les hommes en feront-ils meilleurs, en feront-ils plus heureux ; l'air en fera-t-il plus pur, les faifons mieux ordonnées, les orages moins fréquens, les champs plus fertiles ?*

Il feroit aifé fans doute de répondre à ces queftions, fi ceux qui fe les permettent étoient difpofés, par leur bonne-foi, & propres en même tems par le plus léger dégré d'intelligence, à écouter & à comprendre les réponfes que l'on peut leur faire.

C'eft effentiellement & éminemment à la Religion, & après elle à la Morale, qu'il appartient de rendre les hommes meilleurs, d'apprendre à chacun d'eux à concourir au bonheur de tous ; seul moyen de les rendre tous véritablement heureux.

Après la Religion c'est à la Loi, c'est aux Magistrats des Nations à diriger les hommes dans cette route, & à faire naître, à assurer ainsi le bonheur général de la société & celui de chaque individu. Voilà par quels moyens les hommes peuvent véritablement devenir meilleurs.

Ce grand ouvrage ne peut être que le produit d'une longue suite d'observertions des rapports qui unissent les hommes, d'une attention réfléchie sur les avantages que la société peut tirer de leurs passions, même de celles qui paroissent lui être le plus contraires. Mûrie par de longues & profondes méditations, c'est la Philosophie qui saura faire naître de cette multitude d'intérêts qui paroissent opposés, un intérêt général qui les embrasse, les concilie, les satisfasse tous.

L'homme est né bon ; je suis intimement persuadé qu'une bienveuillance générale habite au fond de tous les cœurs ; que tout homme qui, dans le silence des passions, écoutera la voix de son cœur, l'entendra parler en faveur de tous ses semblables. Quel seroit celui qui, sans une émotion pénible & douloureuse, contempleroit le spectacle d'un malheureux ? Cet homme, s'il en existe, est au moins un être rare.

Eclairez l'entendement des hommes, montrez-leur dans la pratique des vertus la route de leur véritable bonheur, & tous suivront cette route ; or, il est facile de leur démontrer que la vertu est la seule voie qui conduise au but qu'ils se proposent.

Que les conditions, les loix, les rapports de la société soient tellement combinés qu'ils écartent de l'imagination des hommes, ou refusent à leurs vaines espérances toutes les récompenses, tous les honneurs, toutes les distinctions, qu'ils tenteroient de se procurer par d'autres moyens que par ceux d'un mérite réel ; qu'ils soient bien assurés qu'ils ne peuvent arriver aux objets de leurs desirs que par des routes honnêtes, & bientôt ces routes seront les seules parcourues. Les sentiers de la cabale & ceux des manœuvres de l'iniquité seront abandonnés, dès qu'ils ne conduiront qu'à la honte & au mépris. Que chaque homme foit placé au niveau que lui affignent fes lumières, & fur-tout l'ufage qu'il en fait, & non pas à l'élévation que peuvent lui procurer fes moyens & fes reffources pour l'intrigue. L'intrigue qui déshonore également & les protecteurs & les protégés, repouffe ou dégoûte tous les hommes qui ont un mérite réel : elle introduit à la fois & la déprédation & la mefquine parcimonie, où doit toujours régner une noble, bienfaifante & fage économie : elle donne à la mauvaife-foi, à l'ignorance, ou au moins à l'infouciance des devoirs, la place qui ne devroit appartenir qu'à la vertu, aux lumières & au zèle.

J'ôfe le dire, & cette vérité fera bientôt évidente pour tous ceux qui voudront y réfléchir férieufement, l'infouciance des devoirs feroit un des plus grands fléaux pour une Nation, où elle parviendroit à s'introduire & à fe faire tolérer. L'improbité eft rare ; l'ignorance eft toujours bien loin du dégré auquel beaucoup de gens fuperficiels & légers ôfent fe permettre de la fuppofer dans les Adminiftrateurs des Nations ; leur état les inftruit

A iij

néceflairement : mais l'infouciance des devoirs !...... C'eſt ce défaat de zèle pour le
bien public, qui fait que l'on ne calcule jamais
que fon intérêt perfonnel, que l'on ne cherche que les moyens qui peuvent le fervir ;
que l'on ne confidère, même les opérations
utiles que l'on peut faire, que comme des
moyens de conferver fon état ; qu'enfin, dans
tout ce qui concerne le bien public, on ne
voit jamais que fon bien particulier.

Ce défaut ne fera jamais celui de l'homme
de génie, qu'enflamme & qu'élève un noble
enthoufiafme ; celui-ci ne peut trouver fa
gloire & fon bonheur, que dans la contem-
plation des heureux effets de fes grandes &
nobles méditations : c'eſt par l'opinion publique & durable qu'il fe mefure, & non par le
vain éclat qui peut l'environner quelques inf-
tans ; c'eſt dans le cœur de fes concitoyens qu'il
aime à contempler fa grandeur, & non dans le
frivole honneur d'une place amovible, & qui
trop fouvent ufurpée par l'incapacité, fembla
dégradée par le mépris que cette incapacité pro-
voqua fur la tête de ceux qui en furent revétus.

Que le Citoyen vertueux, qui confacre fes

veilles à l'utilité publique, dont la noble ardeur n'a d'autre objet que de servir son Prince & sa Patrie, soit honoré par le Prince & par la Patrie, & bientôt la Patrie ne sera qu'une famille tendrement unie, dont tous les membres n'auront d'autre vœu que celui de la servir, d'autre ambition que de mériter d'elle un juste retour de reconnoissance.

Le Prince ne verra dans ses Sujets que des enfans, dont le respect, l'obéissance & l'amour ne leur permettront de connoître d'autre désir, de former d'autre vœu que celui de le servir & de lui plaire; l'idée de *Patrie* renaîtra enfin dans tous les cœurs ; & ce nom sacré est le mot de ralliement de toutes les vertus.

Mais si les dégoûts étoient versés sur l'homme de bien, sur l'homme qui ne s'occuperoit que d'être utile à son pays, tandis que l'intriguant sans mérite & sans talens recevroit le prix qui ne devroit appartenir qu'aux talens & au mérite, on trouveroit sans doute encore de ces hommes heureusement nés, qui, satisfaits du témoignage de leur propre cœur, entraînés par un attrait irrésistible dans les routes du bien, les suivroient jusqu'au tombeau ; mais

A· iv

ſans doute auſſi ces hommes ſeroient alors infiniment plus rares, le nombre des intrigants s'accroîtroit, & l'intrigue eſt le fléau de toutes les vertus & de tous les talens (1).

Ce n'eſt point de ces hautes conſidérations que je dois m'occuper ici ; j'en ai dit aſſez pour prouver que c'eſt à de longues obſerva-tions, à de profondes méditations, aux heu-reuſes applications que le génie peut faire de ces obſervations & de ces méditations, qu'il appartient éminemment de rendre les hommes meilleurs, & par conſéquent plus heureux. La morale & l'ordre ſocial qui naîtroient de ces importantes applications ſont les ſeules bâſes du véritable bonheur des Nations, & voilà l'ouvrage que doit ſe propoſer la Philo-

---

(1) L'intrigue eſt de tous les états ; elle n'eſt que trop familière, ſur-tout depuis quelques tems, à l'eſ-pece d'hommes à qui elle devroit être la plus étran-gère : à la honte des Sciences, l'intrigue aſſiège la porte de leur ſanctuaire, & ſeule l'ouvre ou la ferme trop ſouvent. L'intrigue & les cabales des prôneurs diſpoſent aujourd'hui des réputations ; mais ces répu-tations précoces, éphémères diſparoiſſent au flambeau de l'analyſe, ſeule lumière à laquelle on puiſſe juger ſainement des droits de la vérité.

fophie ; c'eſt à cette Science ſeule qu'il appartient de nous conduire à ce but. Mais ce qu'on
décore depuis ſi long-tems du nom de Philo-
ſophie, préſente-t-il à notre eſprit tous ces
caractères reſpectables & ſacrés ?

Cependant le bonheur que feroit naître la
Morale la plus ſaine & la plus généralement
répandue, ſuffiroit-il pour rendre les hommes
véritablement heureux ? Je ne le crois pas ;
l'eſprit humain eſt inquiet, curieux & avide ; il
lui faut des objets ſur leſquels il exerce ſon
énergie : du choix de ces objets dépendent les
effets que ſa force peut produire ; il dévelop-
pera ſes moyens dans la carrière du mal, s'il
ne les emploie dans celle du bien ; il ſemera
des plantes venimeuſes dans l'une, s'il ne cul-
tive dans l'autre des plantes utiles. S'il ne ſe
livre à la recherche des vérités, il multipliera,
il accumulera les erreurs ; il faut que ſon
inquiétude ſe fixe, il faut une pâture à ſon
avide curioſité, il faut enfin que ſes forces
s'exercent. L'immortel Bâcon l'a dit avant moi :
après la Religion & les Loix, c'eſt aux Sciences, c'eſt aux Belles-Lettres qu'il eſt donné
d'arracher les hommes à leurs paſſions, de les

écarter de la route des vices. C'est cette vérité que l'Antiquité nous a transmise dans l'Apologue d'Orphée, lorsqu'elle nous raconte qu'au son de sa lyre les animaux oublioient leur férocité ; mais que, dès qu'ils cessoient de prêter l'oreille à cette douce harmonie, ils retournoient à leurs passions sanguinaires (1).

(1) Neque sanè doctrinæ meritum in civilibus, & in reprimendis incommodis, quæ homo homini infert, multùm cedit illi alteri, in sublevandis humanis necessitatibus, quæ ab ipsa naturà imponuntur. Atque hoc genus meriti optimè adumbratum fuit sub illâ fictâ narratione, de theatro Orphei ; ubi singulæ bestiæ, avesque congregatæ sunt, quæ appetituum suorum innatorum immemores, prædæ, ludi, pugnæ, amicè, placidéque unà stetère, cytharæ concentu & suavitate capte. Cujus sonus ubi aut cessaret, aut majori sonitu obrueretur, omnes illicò animantes ad ingenium redibant. Quâ in fabulâ eleganter describuntur ingenia, & mores hominum, qui variis & indomitis cupiditatibus aguntur, lucri, libidinis, vindictæ : qui tamen quamdiù aures præbent, præceptis & suasionibus Religionis, legum Magistrorum, in libris, sermonibus, & concionibus eloquenter, & suaviter modulantibus, tam diù pacem colunt, & societatem ; sin ista sileant, aut seditiones & tumultus obstrepant, omnia dissiliunt, & in anarchiam, atque confusionem relabuntur. Bâcon : *de augmentis Scientiarum.* L. I.

Que les Sciences & les Arts s'emparent donc de cet esprit actif, qu'en le fixant elles l'éclairent, l'élevent & l'honorent. Que notre entendement, la plus noble fans doute des facultés dont le Pere des êtres doua le plus magnifique de fes ouvrages, ne refte pas dans un fommeil léthargique, & jouïffons des tréfors fans nombre qu'elle doit produire.

Les Nations font parmi les Nations, ce que les hommes d'un même pays font entr'eux; l'émulation, une gloire mieux ou moins bien entendue, les rendent rivales; elles fe difputent & l'art de multiplier les jouïffances particulières, & cet art affreux de préparer, de réunir les moyens de fe nuire mutuellement & même de s'opprimer.

L'art de fe mettre à l'abri des infultes & de fe faire refpecter, puifque le tems heureux où les Nations ne s'occuperont que de fe rendre chères les unes aux autres eft loin encore, cet art exige bien des moyens (1). Un Peuple

---

(1) Les Nations de l'Europe me paroiffent reffembler aux cohéritiers d'un riche propriétaire, qui fe difputent long-tems entr'eux les parties de leur vafte

tendrement attaché à fa Patrie, à fon Gouvernement, à fon Roi, eft invincible fans doute ; mais ce ne feroit que par des torrents

héritage. C'eft des débris de l'Empire Romain, que fe font formés les domaines des Puiffances modernes. Les guerres qu'elles fe font, reffemblent à celles des fucceffeurs d'Alexandre. Mais les Princes & les Nations ouvriront fans doute les yeux fur leurs erreurs ; le tems des guerres paffera comme ces querelles plus ou moins longues, comme ces difcuffions qui, dans les partages des familles, naiffent de la difficulté de ces partages, & ne durent qu'autant qu'elle. J'aime à le prévoir, & j'ôfe le prédire, les partages fe fixeront à la fin. Contente de fon domaine, chaque branche de la famille générale refpeĉtera des limites qu'elle ne pourroit tenter de franchir, fans rifquer de perdre plus qu'elle ne pourroit acquérir, & dont l'acquifition même ne la dédommageroit pas des frais qu'elle lui coûteroit. C'eft de cette feule modération de chacune des Puiffances que peut naître cette fameufe balance, que les Politiques cherchent vainement à établir. Elle ne fera que le fruit tardif de la lente raifon ; ce ne fera qu'après avoir pefé les maux de la guerre, les biens, les douceurs de la paix, que les hommes abjureront pour jamais l'art affreux de s'entre-déduire. Qu'elle fera cette époque ? Hélas ! qui peut la fixer ? C'eft à la Philofophie de l'accélérer. C'eft aux hommes doués d'une raifon éloquente & puiff

de son sang qu'il résisteroit à ses ennemis, s'il n'avoit à opposer que ses bras & sa poitrine à leurs moyens destructeurs. Or, de combien de parties est composé l'art de la guerre ? Les différentes tactiques de l'Infanterie & de la Cavalerie ; ces manœuvres, dont les variations perpétuelles décèlent que leurs vrais principes ne sont pas encore fixés. L'art de fortifier les Places, celui de l'Artillerie, & sur-tout celui de la Marine qui les renferme tous, &c. &c. Que de connoissances, quelle masse de lumières n'exigent pas toutes ces Sciences ?

Il faut évidemment encore que la Nation ait des richesses, des forces disponibles. Un pays où tout homme & sa famille vivroient sur un champ, qui suffiroit à leur subsistance, même abondante, où tout homme seroit donc dans l'état d'aisance, ce pays riche & heureux, considéré en lui-même, seroit pauvre & impuissant relativement aux autres Nations. Dans

---

sante, d'une âme douce & forte (car tel doit être le Philosophe), à mûrir les esprits, à hâter leur marche vers le bonheur général, qui ne peut avoir pour bâse qu'une bienveuillance unanime.

l'état politique des Puissances qui se sont partage le Monde, il faut que le nombre des hommes excède celui qu'exigent les travaux des campagnes & les emplois civils; il faut que les denrées excèdent les consommations, parce qu'il faut des hommes dont on puisse disposer sans les arracher à des travaux nécessaires, parce qu'il faut des richesses qui puissent se transporter facilement, ce qui exige qu'elles soient converties en argent. Le Commerce est devenu le premier des moyens de puissance respective; sans lui point de Marine, & la puissance sur les mers est aujourd'hui la puissance qui influe le plus sur la balance politique.

Il m'est aisé maintenant de répondre aux questions que j'ai empruntées des détracteurs des Sciences : *à quoi sert l'Astronomie*, disent-ils? Eh bien, c'est à l'Astronomie que l'on doit les connoissances géographiques, si nécessaires à ceux qui parcourent les mers; c'est particulièrement à l'observation des Satellites de Jupiter, que nos yeux ne peuvent appercevoir : c'est à force de nuits passées à suivre la marche de ces Astres placés si loin de nous, c'eſt à force de travaux & de calculs que l'on eſt parvenu à donner à la Géographie & à la Navigation ce haut dégré de perfection auquel elles ſont arrivées.

A celui qui me demanderoit ſi la Phyſique rendra l'Air plus pur ; je répondrois qu'elle apprend l'art de le purifier dans tous les lieux, où la nature n'a pas placé des obſtacles plus puiſſans que l'art humain, & ces lieux ſont très-rares. L'art Hydraulique nous enſeigne à dériver, à guider le cours des eaux, à deſsècher les marais qui infectent des contrées entières. La Phyſique nous a révélé ce magnifique & ſublime moyen de la nature, qui, deſtinant les Animaux à être le filtre de l'air propre aux Plantes, a deſtiné celles-ci à être le filtre de l'air propre à la reſpiration animale ; circulation qu'on ne peut trop admirer, & par laquelle les Animaux, en préparant & fourniſſant aux Plantes un air ſalutaire & propre à leur ſervir d'aliment, en reçoivent un air épuré dans leurs tiſſus, & rendu par elles tel qu'il convient à nos poumons. Les Arbres peuvent donc auſſi en beaucoup de lieux remédier aux vices d'un air impur.

S'il n'eſt pas donné à l'homme de preſcrire à chaque Saiſon la température que chaque pays déſire, l'Aſtronomie & la Météorologie réunies, nous indiquent au moins des retours de températures, preſque les mêmes dans des révolutions déterminées ; obſervations dont la prudence peut ſe ſervir très-utilement.

Les orages, demande-t-on encore, seront-ils moins fréquens ? Les auteurs de cette queſtion ſeroient bien étonnés ſi j'oſois y répondre preſque affirmativement ! Cependant je ne me compromettrois, je ne paroîtrois téméraire, ou même ridicule qu'à leurs yeux, & non pas à ceux des véritables Phyſiciens. Je ſoupçonne donc que, localement, on peut diminuer la fréquence des orages. Peut-être ſi toutes les maiſons d'une Ville comme Paris, ſi tous les bâtimens des environs étoient garnis de paratonnerres, y auroit-il peu de nuées qui puſſent y produire une de ces exploſions qui font tant de ravages.

Mais ce qui n'eſt à aucun égard une ſuppoſition, ce qui eſt au contraire une grande vérité parfaitement démontrée, c'eſt que la Phyſique nous a donné le moyen certain de

préſerver

préserver tous les édifices des effets du tonnerre, ce qui vaut infiniment mieux que de pouvoir empêcher qu'il n'y ait des orages ; car on sait assez de quelle utilité ils sont, tant pour nettoyer l'Atmosphère, que pour favoriser la végétation.

Les bienfaits des Sciences se sont donc répandus sur tous les Arts utiles ou agréables ; ceux qui servent à la conservation de notre existence, à l'adoucissement de nos maux physiques, tels que la Médecine, la Chirurgie, la Pharmacie ; ceux sur lesquels s'éleve le bonheur, la puissance & la gloire des Nations, l'Agriculture, la Marine & l'art de la Guerre ; ceux enfin qui se bornent à embellir tous nos momens, à multiplier nos jouïssances, à semer sur toute la route de notre vie des fleurs, que l'hiver même de nos ans ne flétrit pas, tels que la Peinture, la Sculpture, &c. tous ces Arts doivent leurs progrès aux mathématiques, à la Physique, à la Chimie. Ces trois Sciences font sœurs, & ne se refusent jamais leurs secours mutuels.

L'homme ignorant jouït de tous ces bienfaits ; mais il en méconnoît la source. En

B

recueillant tous ces fruits de l'arbre des connoiffances humaines , il demande encore de quelle utilité font chacune de fes branches (1).

(1) Toutes les Sciences , quelque différens que paroiffent les objets de plufieurs d'entr'elles , fe prêtent cependant de mutuels fecours , parce qu'elles ont toutes une propriété commune, celle d'accoutumer l'efprit à de profondes méditations , de l'afservir aux loix d'une faine logique , de l'exercer dans l'art fi important de l'analyfe , de lui apprendre enfin à fuivre une méthode rigoureufe, feuls moyens d'établir dans les idées l'ordre qui peut les rendre & conféquentes & claires.

Une grande révolution s'annonce dans tous les objets de l'entendement ; les Sciences qui embraffent les connoiffances naturelles, telles que la Phyfique & la Chimie; celles qui ont pour objet les rapports fociaux, les Loix civiles & criminelles , l'économie rurale , les objets, les répartitions des impofitions , femblent marcher d'un pas égal vers une amélioration, ou plutôt, &, fi j'ôfe me fervir d'un nouveau mot que je crois néceffaire, vers un perfectionnement très-défirable, & dont l'époque s'avance rapidement.

Il y a dans le public beaucoup plus de gens inftruits qu'on ne le penfe, cela eft vrai de tous les genres de connoiffances. Quelque Science que l'on ait cultivée, on eft étonné de trouver des perfonnes qui, fans prétention à la réputation de gens inftruits,

Ce n'eſt donc point vers de vaines recherches que les Sciences guident nos pas, c'eſt
au contraire à des objets utiles qu'elles doivent nous conduire. C'eſt à ſervir notre Patrie

---

ſans l'avoir acquiſe, ont cependant des lumières que
quelquefois on ne trouveroit pas chez des gens à
réputation.

Il y aura toujours à - peu - près autant de gens
dont l'intelligence ſera très - bornée; mais le nombre des ignorans diminue tous les jours. Je conviens
qu'en général les connoiſſances ont aujourd'hui beaucoup de ſuperficie & peu de profondeur; on a porté
trop loin le juſte dédain que l'on a pris pour la pédan-
térie des anciens Savans; on ne lit pas aſſez les bons
Auteurs, on ne s'inſtruit pas aſſez. Les abrégés, les
extraits des Ouvrages périodiques, ſont le plus com-
munément les ſources où l'on va puiſer; on peut en
rapporter des notions, mais non pas des idées claires,
des connoiſſances préciſes, une maſſe, un enſemble
de doctrine qui puiſſe ſatisfaire l'eſprit. On peut
faire un inſtant illuſion dans un cercle; mais on ne
peut ſoutenir une diſcuſſion réfléchie, & ſur-tout on
ne peut être content de ſoi, lorſque ſeul on médite
ſur ce que l'on croit ſavoir; on perd ainſi le plus
doux & le plus précieux des bienfaits des Sciences, celui par lequel elles nous offrent dans tous
les momens de notre vie, une reſſource également
ſûre & délicieuſe.

B ij

que nous devons employer les connoiſſances que nous avons acquiſes ; c'eſt à notre Patrie que nous devons conſacrer tous nos travaux.

Toujours perſuadé de cette vérité, qui devroit être chez tous les hommes bien moins un réſultat des réflexions de l'eſprit qu'un ſentiment du cœur, je n'ai jamais perdu de vue, en me livrant aux Sciences, le deſir de les employer à ſervir mon pays ; ce bonheur fut toujours l'objet & le terme de mes vœux les plus ard'ens.

Si les lumières, ſi le génie néceſſaire pour cette noble entrepriſe ne ſecondent pas ſuffiſamment mon ardeur, nul motif d'intérêt perſonnel, nulle vue d'utilité qui me ſeroit particulière, n'a du moins jamais pu la flétrir. J'en prends à témoin les ſacrifices que j'ai faits ſur ma fortune, ſacrifices énormes par leur proportion avec elle, & qui m'ont forcé à chercher hors de Paris une retraite devenue néceſſaire à l'exceſſive médiocrité à laquelle ma fortune eſt réduite ; j'en prends à témoin & mes travaux aſſidus depuis plus de 20 ans, & tous les Miniſtres ſucceſſifs ſous les yeux deſquels j'ai mis les réſultats de ces travaux ;

pas un feul ne peut dire que jamais j'aie rendu mon zèle fufpect en cherchant à me le rendre utile.

Occupé depuis long-tems du grand Ouvrage qui, après avoir expofé toutes les loix de la Phyfique du Monde, doit être terminé par la defcription de la Topographie Phyfique & Hydrographique de la France, & par le fyftême général des navigations du Royaume; j'ai cru devoir détacher de cet Ouvrage, qui exige encore deux ou trois années, les morceaux que je préfente aujourd'hui, pour les foumettre à l'examen le plus févère. Si cet examen leur eft favorable, je les abandonne aux tems, aux hommes, aux circonftances dont dépend leur deftinée. Depuis long-tems je les ai mis fous les yeux des Miniftres; mais des occupations plus importantes, fans doute, ne leur ont pas permis d'accorder à la confidération des avantages qui ne fe préfentent que dans le lointain, & dans un avenir incertain pour eux, l'attention que j'invoquois, & à laquelle, par le pur effet peut-être d'une prévention peu fondée, je me croyois quelques droits.

Le premier écrit que renferme ce Volume,

est le Prospectus de la Physique du Monde, publié en 1779, & peu connu peut-être de la majeure partie du public. C'est dans ce Prospectus que j'annonçois mes projets sur la navigation.

Le second est une Lettre que j'ai eu l'honneur de présenter au Roi. La lecture du Prospectus & de cette Lettre indiqueront suffisamment l'objet de mon travail, & les moyens que je propose d'employer. Tout homme légèrement instruit de ces matières, pourra juger de la facilité, de la certitude des opérations que j'indique, & de l'utilité qui pourroit en résulter pour le Commerce, tant intérieur qu'extérieur, & pour l'Agriculture, par la multitude des moyens d'arrosemens que je propose, soit par le cours des rigoles qui serviroient aux canaux, & dont ont tireroit infiniment de ressources dans le tems où il convient d'arroser les campagnes, & particulièrement les prairies, soit par des rigoles faites exprès pour ces arrosemens, & dans les lieux où elles seroient les plus nécessaires.

Une autre considération infiniment importante encore, c'est le dessechement des marais.

Une partie affez confidérable de la furface de
la France eft inondée par des eaux , qui man-
quent de pente pa. la difpofition des terreins
fur lefquels elles font répandues , ou qui font
forcées & refoulées par des obftacles que les
hommes ont oppofés à leur cours. Ces terreins
font donc non-feulement perdus pour la culture, quoique deftinés à être les plus fertiles,
fi les inondations étoient remplacées par des
arrofemens convenables ; mais ils font encore
mal-fains & ils infectent les habitations voifines.
Prefque toujours il eft aifé de donner à ces
eaux un cours plus utile, ou de fupprimer les
obftacles qui les ont forcées à fe répandre. Ces
obftacles doivent être imputés, en plus grande
partie, à des moulins dont les fouf graviers ont
été exhauffés fucceffivement & fans droit.
C'eft ce que prouvent invinciblement les opérations que M. de Reverfaux a faites dans fa
Généralité. En fupprimant un mauvais moulin , on rendroit fouvent à la culture des terres
qui produiroient cent fois plus. Un moulin ne
produit rien à proprement parler ; c'eft une
pure main-d'œuvre fur la denrée, qui ne doit
nulle part nuire à fa production.

B iv

Je vois d'ici les Propriétaires de moulins s'effrayer des projets deftructeurs que j'annonce ; qu'ils me permettent de raifonner avec eux, & je vais les raffurer.

Je demande d'abord fi, fur cent moulins, il n'y en pas foixante au moins qui foient d'une très-petite valeur pour le propriétaire ; & ceux-là, ce font prefque toujours ceux qui produifent le plus de mal, & qui noient le plus de terrein, parce que ce font ceux qui ont un cours d'eau moins affuré. Le Meûnier, toujours occupé du defir d'augmenter ce cours d'eau, ne connoît d'autre reffource que d'élever le fous-gravier qui forme fon biez ; il profite de toutes les occafions où il a des réparations à faire à ce fous-gravier, ou dans fes tems d'inaction il en fuppofe. Il éleve donc le niveau de fon biez ; il en réfulte qu'il noie d'abord quelques parties de terres de plus dans tout le pourtour de ce biez, & les propriétaires fe taifent, ou, s'ils fe plaignent, le Meûnier n'en tient compte, & perfonne pour un objet auffi peu confidérable d'abord ne veut intenter un procès, chacun attend ce que les autres riverains feront, & perfonne ne fait rien. L'impunité, ou plutôt le fuccès enhardit le Meûnier; d'ailleurs fon biez fe comble peu-à-peu par les terres qu'amenent les eaux courantes ou les pluies ; il hauffe encore fon fous-gravier , & fucceffivement il inonde plus de terrein.

Les progrès de ces inondations forcées font connus dans plufieurs endroits, & ils ont fait en général beaucoup plus de mal qu'on ne penfe. On fent donc qu'il eft néceffaire de réformer ou de fupprimer ces moulins. Dans le cas où la fuppreffion feroit néceffaire, il convient de dédommager le propriétaire à raifon de la vraie valeur de ce moulin, en l'eftimant ce qu'il produiroit réduit à fon niveau légitime, & même un peu au-deffus de cette valeur. Une opération de bien général fournit toujours les moyens d'y faire participer plus particulièrement encore chacun de ceux qui y concourent en cédant leurs propriétés (1).

____

(1) On fent combien cette eftimation feroit difficile : mais lorfque ce fera le Miniftre qui ordonnera ces opérations, lorfque celui à qui elles feront confiées fera raifonnable, jufte, & fur-tout éclairé, il y aura infiniment de moyens de conciliation ; fouvent,

Il sera souvent aisé de remplacer un moulin qui ne tourne qu'avec une grande quantité d'eau, par un moulin qui en exige beaucoup moins ; l'art de construire ces usines n'existe presque que dans les Livres, l'usage & la routine ancienne ont encore peu profité des lumières que la Méchanique a répandues. Il en est de ces usines comme des forges, qui presque par-tout sont encore soumises aux méthodes les plus vicieuses, quoique leur théorie soit fort avancée par les travaux de plusieurs Savans. Les Méchaniciens connoissent une espèce de moulin, dont il existe déjà plusieurs dans quelques Provinces, & qui sont

---

& ainsi que je le démontrerai, il sera aisé de remplacer un moulin qui produira peu par un autre beaucoup plus avantageux, & qui tournera avec un moindre cours d'eau que celui qu'avoit exigé le premier, & qui ne lui suffit plus. Enfin on trouvera dans la valeur des terreins qui sortiront de dessous l'eau, des ressources pour les dédommagemens raisonnables. On sent bien que l'on ne supprimera pas des moulins dont la destruction ne produiroit aucun avantage, ou n'en produiroit qu'un très-médiocre ; il y aura donc toujours des valeurs à compenser.

de la plus grande utilité, qui concilient plufieurs avantages, tels que d'avoir befoin de peu
d'eau, de ne point craindre les inondations, de
ne point être arrêtés par les plus fortes gelées.
Ces moulins connus à Touloufe fous le nom de
Moulins du Bazacle,, peuvent être établis avec
un grand avantage dans beaucoup plus d'endroits qu'on ne penfe. On pourra donc dans
tous les cas propofer au propriétaire d'un moulin qu'il faudroit détruire, ou une vente avan-
tageufe, ou un dédommagement, ou un moyen
de reconftruction peu cher & bien plus utile.
Enfin, j'ôfe le croire, il feroit dans toutes les
circonftances aifé de s'entendre avec les propriétaires ; il ne s'agiroit que de bien connoître
tous les moyens, & de prendre toutes les formes propres à concilier les efprits.

Les arrofemens & les deffechemens font
donc deux objets, dont je propofe de s'occuper férieufement, & dont le fuccè eft auffi
certain que les avantages en feroient immenfes.
J'ai déjà fait l'heureufe expérieufe de ce que
je dis ici, dans mes différens voyages dans les
Provinces ; j'ai vu plufieurs de ces marais, dont
j'ai reconnu la caufe, & cette caufe étoit prefque toujours facile à détruire.

Je me proposerois donc dans les voyages dont je parle dans ma Lettre au Roi, de me faire indiquer tous les marais dont l'étendue mériteroit quelque attention; nous les verrions nous-mêmes, M. Gouffier & moi, nous ferions nous-mêmes toutes les opérations néceffaires, nous y joindrions toutes les démarches qui pourroient contribuer à faciliter les traités qu'il conviendroit de faire, nous rapporterions toutes ces opérations au Miniftre.

On fent combien ces voyages, ces travaux, ces recherches exigent des hommes qui s'y confacrent uniquement, qui foient très-inftruits de la matière, & dont le défintéreffement, le zèle pour le bien public & l'amour de la véritable gloire foient bien connus.

L'article III renferme quelques obfervations & quelques réflexions relatives au projet expofé dans la Lettre au Roi.

L'article IV préfente le projet d'une nouvelle organifation de l'adminiftration des Ponts & Chauffées, que fuivent quelques confidérations très-fommaires fur la fuppreffion & fur le remplacement des corvées.

L'article V eft un Mémoire fur le Programme proposé relativement à la Machine de Marly.

L'article VI présente le projet du Canal de Berry.

L'article VII offre deux moyens différens de procurer à la Ville de Paris une quantité surabondante d'eau pure & salubre, dont le cours seroit perpétuel, & qui pourroit être distribuée dans tous les quartiers de cette Ville, les réservoirs de distribution pouvant être placés à une hauteur plus grande que celle des quartiers les plus élevés, sans que ces eaux y fussent portées par aucune machine.

L'article VIII est un avertissement relatif à la continuation de l'Ouvrage intitulé Physique du Monde.

Je me propose de présenter bientôt un autre projet pour une dérivation des eaux de la Marne ; dérivation qui rempliroit à la fois trois objets intéressans ; 1°. celui des arrosemens pour la plaine de Saint-Denis ; 2°. celui de l'approvisionnement des farines pour Paris, par la construction de beaucoup de moulins semblables à ceux dont je parle dans le Mémoire sur la Machine de Marly ; 3°. celui de diminuer le volume des eaux à Paris, lorſqu'on y craint les inondations.

D'autres articles ſuivront peut-être ceux-ci ; je m'occupe du ſoin de les rendre dignes de l'attention des Miniſtres, & dignes d'être l'objet des deſirs de la Nation. Les tems & les circonſtances réſervent peut-être des époques à leur exécution. J'aurai du moins prouvé mon zèle.

Peut-être un préjugé trop établi fera-t-il craindre à pluſieurs de ceux de nos Lecteurs, qui attacheront quelque prix aux idées que nous allons préſenter, que leur publication ne les décrie & n'en retarde l'exécution. Il faut convenir que ce préjugé, dont, ainſi que de tant d'autres, il eſt impoſſible de rendre raiſon, eſt trop autoriſé.

Je rejette avec mépris la très - mauvaiſe raiſon que j'ai ſouvent entendu donner de cette répugnance à admettre les idées publiées par différens citoyens, & qui n'ont reçu leur ſanction que des générations ſuivantes.

On ne veut point, diſent quelques mauvais raiſonneurs, ou quelques ſots qui veulent faire les importans, accoutumer les perfonnes qui n'ont point de miſſion miniſtérielle, à informer la Nation de ce que l'on peut faire pour elle, lorſque certaines circonſtances retardent cette poſſibilité ; d'ailleurs il eſt plus convenable, il faut même que tous les projets paroiſſent nés, rédigés, médités dans les cabinets, ou dans les bureaux des Miniſtres.

Rien, à mon avis, n'eſt plus abſurde que ce raiſonnement ; 1°. tout citoyen reçoit en naiſſant la noble miſſion de ſervir ſa Patrie, par tous les moyens que la nature, ſes études ou ſes talens peuvent lui donner ; 2°. quand même certaines circonſtances ne permettroient pas d'opérer actuellement le bien propoſé, il faudroit alors, en faiſant connoître la nature de ces circonſtances gênantes, ce qui ſouvent ſeroit difficile, parce qu'une très-bonne opération fournit toujours elle-même les moyens de ſon exécution ; il faudroit, dis-je, en faiſant connoître ces circonſtances, donner à un bon projet une ſanction qui le conſervât ſous les yeux des Miniſtres ; 3°. je ne penſe pas qu'aucun Miniſtre ſe ſoit jamais imaginé pouvoir trouver dans ſon génie ou dans ſes bureaux, toutes les idées heureuſes relatives à ſon adminiſtration : le courant de ſes audiences, de ſa correſpondance civile, plus ou moins étendue, plus ou moins exigeante, ſelon ſon caractère ; le train des affaires d'expédition lui laiſſent peu le tems de méditer.

Le Miniſtre qui deſireroit ſincèrement d'être éclairé, qui accueilleroit ceux que précède une réputation bien établie, ou ceux dont il auroit fait examiner les idées par quelqu'un digne de ſa confiance, ce Miniſtre, dis-je, exciteroit le zèle, les gens de mérite s'empreſſeroient de l'entourer, de lui préſenter des ſecours dont il a tant de beſoin. Mais il faut encore qu'il ſache que le véritable mérite ne va point remper dans les anti-chambres. Les hommes nés avec une âme forte & fière, qui ſentent ce qu'ils valent, que n'anime jamais une vile cupidité, dont nul eſprit d'intrigue ne peut approcher ; ces hommes ſeroient aiſément repouſſés par un dédain auſſi injuſte qu'offenſant : ceux-là feront donc toujours perdus pour un Miniſtre qui leur réſerveroit cet accueil, & à ceux-là il ne reſteroit que la reſſource de publier leurs idées, de les dédier à la Nation, au lieu de les laiſſer enſevelies dans la pouſſière

des

des cabinets ou des bureaux : là, l'exceſſive abondance des mémoires les confond tous, les condamne tous à la même obſcurité.

Enfin, ſi ces mêmes idées, déjà communiquées au Miniſtre, en avoient reçu une eſpèce d'approbation ſans obtenir tout l'examen néceſſaire, le Miniſtre qui n'auroit eu en leur faveur qu'une foible prévention, ne peut craindre qu'elles ſoient publiées; il ne doit voir dans cette publicité qu'un moyen plus ſûr d'éclairer ſon jugement. Les opinions ſe répandent rapidement dans Paris, & bientôt dans tout le Royaume; il ſe forme une opinion générale, & cette opinion générale en faveur d'un projet ſeroit un guide ſûr, ou au moins, à tout évènement, une égide pour le Miniſtre, qui, après l'examen particulier qu'il en auroit fait faire, l'auroit approuvée. Quelle autre ſanction plus ſûre & plus ſacrée un projet peut-il en effet recevoir? J'avoue que je n'en connois point de plus authentique, de plus reſpectable; & c'eſt dans cette perſuaſion que j'invite à examiner ſérieuſement ce que je propoſe, à réfuter mes principes, s'ils ſont faux; à rectifier mes conſéquences & les applications que j'en fais, ſi

elles ne font pas parfaitement juftes : & fur-
tout à étendre mes idées, à éclairer mes opérations par des obfervations dont je fais que j'ai
grand befoin, & que je chercherai à me procurer dans mes voyages. Je ferai très-empreffé
de témoigner ma reconnoiffance à ceux qui
voudront bien me les communiquer, foit par
une correfpondance particulière, foit par la
voie de l'impreffion.

Je penfe qu'il eft tems de s'occuper des
moyens de faire face un jour aux befoins de
l'Etat qui peuvent s'étendre, & d'y fuffire fans
augmenter les charges qui pèfent affez déjà
fur les Provinces. L'amour du Roi pour fes
Peuples s'eft fouvent exprimé dans le préambule de plufieurs Edits, avec cette éloquence
touchante & énergique qui part du cœur :
fouvent Sa Majefté a témoigné le defir de
foulager les Provinces ; mais des befoins auxquels il eft indifpenfable de fatisfaire pour la
gloire & pour l'utilité de l'Empire, dictent
fouvent des Loix impérieufes.

Cependant les emprunts répétés enlèvent
l'argent à la culture, au commerce, ils rui-
nent le Gouvernement & les Peuples ; il faut

remédier à ces inconvéniens qui s'aggravent ; trois ou quatre mille terres à vendre dans le Royaume , & fans acquéreurs, font , pour un Miniftre de Finances qui aime l'Etat & qui penfe à l'avenir, un terrible avertiffemenz. Il eft tems de penfer aux Provinces , de vivifier l'Agriculture & le Commerce ; les Rentiers font des bourdons & non des abeilles , ils épui-fent la ruche.

Ces offres fi nombreufes de terres , & le peu d'acquéreurs qu'elles trouvent, font l'effet de l'avidité qui s'eft emparé de tous les efprits , & qui a introduit dans tous les états la manie de l'agiotage & du jeu dans les effets publics. Si cette manie dure, les Provinces font per-dues. Les propriétaires n'y verferont plus les fecours qu'exigent leurs terres ; & dans des tems calamiteux comme celui que nous avons éprouvé l'année dernière , l'Agriculture ne trouvera point de reffources, la bourfe de Paris aura tout abforbé.

Je ne connois qu'une manière d'arrêter les progrès de ce mal , c'eft de rendre à l'Agri-culture des moyens d'augmenter fes produits, c'eft de multiplier les moyens de fpéculation

de Commerce des denrées de l'intérieur, &
de diriger ainsi l'argent vers des routes pro-
ductives.

Le moyen d'enrichir la France n'est point
une spéculation métaphysique & chimérique.
Il est de toute certitude, on peut le mettre en
vigueur sans craindre aucune difficulté capa-
ble d'arrêter celui qui aura une volonté décidée pour le bien.

Les effets ne seront pas éloignés, 12 ou
15 ans suffiront pour que tout soit fait, & dès
la première année la France bénira le Ministre
qui adoptera ce projet, qui ordonnera son exécution ; les besoins pour cette entreprise sont
connus, on sait comment y satisfaire.

Ce moyen d'enrichir la France, le seul ef-
ficace & praticable, c'est l'établissement des
canaux d'irrigation & de navigation.

Le prix de toutes les denrées augmente tous
les jours, & il doit en résulter nécessairement
un désavantage très-considérable pour le commerce de nos Manufactures, par l'augmentation des dépenses de main-d'œuvre. Cette augmentation du prix de toutes les denrées influe
particuliérement sur le sort de ceux dont la

majeure partie de la fortune eſt en rentes ſur le Roi ou ſur les particuliers, & cette claſſe eſt très-nombreuſe. Les gênes qu'éprouvent les Rentiers, la diſproportion déſavantageuſe qui s'établit entre leurs dépenſes & leurs revenus, loin de diminuer leur nombre, l'augmente au contraire tous les jours. L'intérêt perſonnel l'emporte ſur celui de ſa poſtérité; on ne veut point ſe ſacrifier pour elle, on ne veut point diminuer ſa dépenſe, on vit pour ſoi ſeul, on vit même au jour le jour. Le nombre des célibataires s'accroît dans toutes les claſſes de la ſociété; une partie de ceux qui ne s'y ſont point condamnés, une partie même de ceux qui ont des enfans, ſont entraînés par le torrent : il faut bien *vivre ſelon ſon état*, diſentils; & d'après cette maxime, ſi dangereuſe pour ceux qui vivent à Paris, & qui ne devroit déterminer qu'à ſe retirer à la campagne où il eſt toujours aiſé de *vivre ſelon ſon état*, ils vendent les biens fonds qu'ils poſsèdent, parce qu'en les vendant ils doublent leurs revenus, ſans penſer qu'ils détruiſent ceux de leurs enfans, qu'ils réduiſent pour ces derniers leur fortune à un taux qui ne ſuivra point l'augmentation du prix des denrées, comme les revenus des terres, qui du moins s'en rapprochent toujours...... mais ces confidérations, les malheureufes fuites de ces funeftes fpéculations, les terribles effets de l'intérêt perfonnel fur le premier vœu de la nature, fur l'objet le plus cher à l'humanité, à la fociété, fur la fource la plus féconde des richeffes & de la force des Empires, fur la population enfin ; les funeftes effets de ces mêmes fpéculations fur l'amour paternel, fur les devoirs facrés des pères ; ces malheureux effets, dis-je, fe préfenteront à tous les efprits, il me fuffit de les inviter à fixer leur attention fur des objets fi importans. Les réflexions qui fe préfenteront alors en foule à mes Lecteurs, les applications qu'ils en feront à des exemples multipliés des malheurs que je déplore, les fentimens qui s'éleveront dans leurs ames, font les plus heureufes difpofitions dans lefquelles je puiffe défirer qu'ils lifent ce que je leur préfente.

DISCOURS

PRÉLIMINAIRE.

L'ouvrage que nous présentons, peut être considéré comme divisé en deux parties; la première, sous le titre de Physique du Monde, traite de l'espace céleste, des corps qui le parcourent, du mouvement, de la lumière, de la chaleur, des causes de ces grands phénomènes de la Nature, des loix qui les régissent.

Après avoir exposé l'origine & les propriétés de ces loix dans l'immensité de notre tourbillon solaire, nous exposerons comment elles ont dû modifier le Globe que nous habitons, comment elles déterminent les différens états dans lesquels il doit se trouver, comment elles agissent sur sa substance & sur ses produits.

C iv

C'eſt ainſi qu'après nous être élevés juſqu'à la première cauſe phyſique de toutes les modifications de la Nature, juſqu'au premier acte de la puiſſance infinie dont elle eſt l'ouvrage, nous dirons comment de cet acte ſeul de la volonté de ſon Auteur eſt né le ſyſtême de notre Univers, comment ſe produit tout ce qu'il renferme, quelles ſont & les cauſes & les loix de l'exiſtence, des modes & de la deſtruction de tous ces êtres, qui ne paroiſſent qu'un inſtant ſur la ſcène du Monde, quoique liés par des rapports néceſſaires à tous ceux qui ont exiſté, à tous ceux qui exiſteront, & formant enſemble cette chaîne éternelle que nous appelons la Nature.

C'eſt dans notre Préface que nous expoſerons plus particulièrement la manière dont nous conſidérerons & dont nous traiterons cette première partie de notre Ouvrage, à laquelle nous avons cru ne pouvoir donner d'autre titre que *Phyſique du Monde*, & qui ſeule pouvoit nous éclairer & nous guider dans l'étude des phénomènes de la Planète que nous habitons; ce n'étoit qu'en remontant à une cauſe phyſique primitive & générale, que nous pouvions efpérer d'embraffer l'univerfalité des phénomènes de la Nature , & de fuivre leur enchaînement & leurs rapports.

En ôfant préfenter à nos Lecteurs un plan auffi étendu, nous devrions peut-être follici-ter leur indulgence par l'aveu de notre foi-bleffe ; mais alors où trouver une excufe de la témérité imprudente qui nous auroit conduits dans la carrière? C'eft par nos efforts pour arriver à la vérité , que nous pouvons mériter qu'ils nous pardonnent l'imperfection qu'ils remarqueront dans notre Ouvrage. La perfuafion intime de la certitude de nos prin-cipes, fruit d'un travail de vingt années, & d'une méditation profonde, pouvoit feule nous autorifer à préfenter au Public un Ouvrage auffi important, auffi vafte, dans un fiècle où il y a tant de lumières répandues fur toutes les parties des Sciences exactes. Toutes doivent concourir à vérifier notre Théorie, fi elle eft vraie ; ou toutes peuvent fournir des armes pour la combattre , fi elle eft fauffe. Nous avons donc prévu tout ce que nous avions à craindre ; nous favons que la perfuafion qu'un Auteur peut avoir de la vérité de fes principes, n'est pas toujours la preuve de cette vérité; mille exemples frappans nous rappellent cette réflexion : mais nous avons senti tout l'avantage & tous les moyens que nous donne la certitude d'être remontés à une cause première, unique, démontrée ; d'avoir tout déduit de cette cause, d'avoir à chaque pas comparé son énergie à la nature, à l'étendue des effets que nous lui avons attribués; d'avoir combiné entre elles toutes les actions, toutes les réactions de ces effets ; d'avoir enfin vu tous les phénomènes, toutes les observations se ranger, pour ainsi dire, d'elles-mêmes dans l'ordre que leur prescrit notre Théorie.

La confiance que nous ont inspiré nos travaux & nos méditations est telle que, pleins de reconnoissance pour les Savans qui nous feroient l'honneur de nous combattre, nous espérons que leurs objections nous fourniroient des occasions d'ajouter à nos expositions de nouvelles preuves, & que la sagacité éclairée avec laquelle ils nous feroient reconnoître l'insuffisance de nos démonstrations, nous avertiroit seulement de ce que nous aurions encore à faire. Nous invoquons leurs lumières, nous

nous rendrons dignes des secours que nous attendons d'eux, par la reconnoissance avec laquelle nous recevrons leurs objections, & par l'aveu de nos fautes, si l'on nous en démontre ; nous n'ôsons nous flatter de n'en pas commettre : mais nous espérons au moins qu'elles ne tiendront pas au fond de notre Théorie, & qu'elles pourront être corrigées par cette Théorie même.

Quant à ces critiques dont le style & le ton déshonorent ceux qui les emploient, & seroient la honte des Sciences & des Lettres, si les torts de ceux qui les cultivent pouvoient leur être imputés, ou nous n'y répondrons point, ou si quelqu'objection intéressante pouvoit se trouver renfermée dans de pareils écrits, nous répondrons à cette objection, sans nous occuper de la manière dont elle aura été présentée. Nous annonçons encore que nous ne répondrons qu'aux objections qui seront tirées des Sciences exactes ; quant à celles qui naîtroient des faits historiques, nous déclarons que nous n'entreprendrons ni la concordance des histoires, ni la solution de tous les problèmes qu'elles nous présentent, & dont les données ne font fi fouvent que des chimères , ou des faits mal obfervés & expofés plus mal encore. Voilà quant à la première partie de notre Ouvrage.

La feconde , comme nous l'avons déjà dit , aura pour objet la furface de la France ; nous verrons cette furface fortir du fein des eaux. Douze Cartes préfenteront fes émerfions à douze époques différentes , & la Carte qui contiendra toute la furface actuelle , fera divifée en quarante-cinq feuilles qui repréfenteront la Topographie Phyfique de la France ; cette Topographie conftante que les efforts des hommes ne peuvent changer, & que la Nature elle-même ne varie que par des moyens infiniment lents , qui tiennent aux Loix éternelles qui lui ont été prefcrites. Nous remonterons jufqu'à ces Loix , nous verrons comment elles déterminent & opèrent pas-à-pas les grands changemens qui fe fuccèdent , fans que les dégrés , par lefquels ils paffent , puiffent être fenfibles dans la courte durée de plufieurs générations d'hommes.

Les chaînes des Montagnes , les cours des grands Fleuves , font des monumens bien plus durables que les Villes les plus fameufes. Babylone, Thèbes, Athènes, Palmyre ont difparu ; mais les Fleuves qui les arrofoient, coulent encore dans les mêmes directions ; les Montagnes qui s'élevoient à leurs fources, repofent encore fur le même fol. Ce n'eft qu'à l'aide de ces pofitions conftantes que nous pouvons chercher, fur la furface de la Terre, les lieux où étoient placés ces monumens paffagers de la puiffance des hommes.

Cependant il ne faut pas regarder comme éternel, ce qui n'eft que durable ; fi rien dans la Nature ne peut être anéanti, rien au moins n'eft affranchi de la loi de décompofition, de défunion de fes parties, de deftruction de fa maffe. La Nature conferve précieufement tous ces matériaux, elle n'en annihile aucun, elle ne perd pas un atôme de matière ; mais elle fe joue conftamment dans les formes, elle exerce fon empire fur les rochers les plus durs, comme fur les tiffus les plus délicats des fleurs.

Le tems, co-éternel à l'efpace & infini comme lui, n'eft perceptible & calculable pour nous, que par la fucceffion des phénomènes ou des exiſtences ; & la durée de la vie humaine eſt la meſure à laquelle, ſans y réfléchir, nous rapportons toutes les durées : ce qui n'a point ſouffert d'altération ſenſible, tandis que des milliers de générations ont paſſé, nous paroît échapper à la lime du tems, ſe ſouſtraire à la loi générale ; & nous ſommes portés à le regarder comme éternel, parce que ſes époques ne peuvent être compriſes dans nos courtes annales, & ſe refuſent à nos calculs.

Mais que ſont pour la Nature les ſommes de toutes les durées, de toutes les ſucceſſions que nous pouvons compter ? Que ſont nos annales dans celles du Monde ? Un Philoſophe, qui réuniſſoit les connoiſſances les plus profondes à l'eſprit le plus agréable, faiſoit conclurre à une Roſe l'immortalité des Jardiniers, de ce que de mémoire de Roſe on n'avoit jamais vu mourir de Jardinier. Cet ingénieux apologue nous eſt applicable plus ſouvent que nous ne le penſons. La durée de ces Montagnes, que nous regardons comme éternelles, n'eſt pour nous que ce que la vie du Jardinier étoit pour la Roſe, qui le croyoit immortel.

La lime du tems imprime fa trace fur les fub-
ftances qui nous paroiffent les plus inaltérables;
les traits qu'elle y laiffe, pour être encore in-
fenfibles à nos yeux, même après qu'elle les
a approfondis pendant des fiècles, n'en font
pas moins certains.

La durée conftante de la même action produit néceffairement des effets qui, pour avoir
été trop négligés & incalculés, ne font pas
incalculables. Les eaux aidées des variations
de l'Atmofphère font le diffolvant général de
la Nature, elles entraînent avec elles tous les
débris qu'elles ont féparés; mais elles dépofent
à la longue tous ces débris dont elles fe font
chargées : les circonftances qui modifient les
dépôts qu'elles en font, les caufes générales
& conftantes, & particulièrement celles des
marées & des courans, influent puiffamment fur
les accumulations de ces dépôts, & les amon-
cèlent inégalement dans les profondeurs des
mers.

L'eau, par fa vertu diffolvante & par fa
fluidité, tend donc à applanir la furface du
globe qu'elle parcourt; & c'eft dans fon fein
que ces mêmes parties entraînées reprennent

de nouvelles formes qui, d'après les caufes que nous venons d'indiquer, produifent de nouvelles inégalités. Ces idées générales, que nous ne faifons ici que préfenter & jetter comme au hazard, feront difcutées, éclaircies, modifiées dans des Traités féparés.

Les grandes queftions relatives à la fubmerfion totale ou fucceffive de la Terre, à la diminution réelle du volume des eaux, aux différentes caufes de cette diminution, ont occupé les Phyficiens. Le plan que nous nous fommes propofé nous faifant fouvent paffer fous les yeux, & nous forçant à mettre fous ceux de nos Lecteurs les faits & les obfervations qui ont fait naître différens fyftèmes, nous croyons devoir expofer ces fyftèmes, les analyfer & y joindre nos idées, avec toute la modeftie qui nous convient, & fans chercher à diffiper, par de fauffes lueurs, les ténèbres qui enveloppent encore ces fecrets de la Nature.

Les différentes differtations théoriques que l'enchaînement & la fuite de notre travail nous forcera de faire, n'influeront point fur la certitude des vérités phyfiques qui détermineront

l'ufage

l'ufage & l'utilité de notre Carte. Nous l'avons déjà dit, c'eſt dans la Préface de cet Ouvrage que nous développerons notre plan : c'eſt après l'avoir lue, que l'on jugera notre marche ; & nous oſons eſpérer qu'en reconnoiſſant avec nous les motifs qui nous ont déterminés à re-monter aux grandes cauſes, aux cauſes primi-tives, pour partir de principes certains & conſtans qui nous ſervent de flambeaux pour diriger notre route, & qui puiſſent l'éclairer toujours ; en appliquant avec nous ces princi-pes à tous les phénomènes que la Nature nous préſentera, nous eſpérons, dis-je, que l'on ne nous accuſera pas de chercher à faire des ſyſ-tèmes nouveaux ; nous travaillons pour l'utilité des hommes, nous oſons conſacrer nos tra-vaux à la poſtérité la plus reculée, nous lui laiſſerons ſans doute bien des preuves de notre inſuffiſance ; mais nous déſirons au moins ne lui point tranſmettre d'erreurs.

Ce que nous venons de dire de la marche des eaux, des opérations qui ſe font dans les profondeurs des grands baſſins & relatives à la configuration de la ſurface du Globe, eſt ana-logue aux idées le plus généralement reçues ;

D

& en attendant des difcuffions plus approfon-
dies, c'en eft affez pour nous avertir que ce
n'eft point dans nos hiftoires qu'il faut chercher à connoître l'hiftoire de la Nature ; étu-
dions fes loix, fuivons fa marche, recherchons
avec foin les traces que laiffent fes grands effets.
Remontons toujours aux caufes de ces effets,
nous ferons étonnés & de la foule des monumens que nous rencontrerons, & de la liaifon
qu'ils acquerront entr'eux ; c'eft ainfi que l'on
peut efpérer de fixer leur chronologie par des
époques certaines, inconteftables, tirées des
véritables annales du Monde; non des hiftoires
des hommes, qui fe perdent dans ces grandes
périodes, & qui ne font que de vaftes & fom-
bres labyrinthes, où s'égarent les Auteurs qui
vont y étudier les voies de la Nature.

Mais l'obfervation de la furface du Globe,
ces traces frappantes de fubmerfions, d'émerfions, de fillonnemens, feroient elles-mêmes
un dédale auffi obfcur, fi l'on n'y portoit pas
le flambeau de la faine Phyfique. Plufieurs
caufes ont réagi les unes fur les autres & ont
confondu leurs effets ; ceux des grandes caufes, des caufes premières & générales, font

souvent enfevelis fous les produits des caufes particulières, locales & fecondaires. Ce n'eft qu'en obfervant l'ordre, la nature, l'étendue de ces effets, en rapportant ces caractères à l'énergie de chacune des caufes, en les déduifant toutes d'un premier principe inconteſté, en n'intervertiffant point l'ordre dans lequel elles doivent s'en déduire elles-mêmes, que nous pouvons efpérer de les réunir dans un fyftême clair dans fes principes, lié dans toutes fes parties, conféquent dans toutes fes déductions, appliquable à tous les phénomènes qu'il doit expliquer.

Ne perdons jamais de vue que tout ce que nous appelons des caufes, ne forme qu'une chaîne d'effets dont le premier chaînon ne fera jamais faififfable : il eft le fecret que s'eft réfervé l'Auteur de la Nature ; il eft, ainfi que l'a dit un Philofophe illuftre de nos jours, le mot de la grande énigme du Monde : mais dans cette échelle des caufes, le dernier échelon jufques auquel nous pouvons nous élever, devient pour nous la caufe première. Si cette caufe modifie toutes les autres, fi fon effet eft général, ral, fi elle ne peut dépendre elle-même d'au-

D ij

cune autre cause naturelle, si elle nous paroît le premier acte, le simple concept de l'Auteur de l'Univers, il y auroit de la folie à ne pas la prendre pour premier principe dans nos recherches, pour le fil d'Ariane dans le labyrinthe de la Nature. Nous subordonnerons la Physique de la terre, si imparfaite jusqu'à présent, à la Physique céleste, la plus perfectionnée & la plus exacte de toutes les Sciences des hommes.

La Terre n'est qu'une des parties du système du Monde, qu'une des roues de cette machine immense ; c'est des loix qui régissent ce système, qu'elle reçoit ses premières & ses plus grandes impressions. Le mouvement & la chaleur sont les deux causes les plus actives, si ce ne sont pas les seules causes de ses modifications ; peut-être même ces deux causes peuvent-elles, en dernière analyse, se réduire à une seule. Or, c'est évidemment & nécessairement dans la Physique céleste qu'il faut aller étudier & le principe & les loix de ces deux grands phénomènes. Ce n'est donc qu'en liant la Physique terrestre aux premières & grandes loix de la Physique céleste, que l'on

peut efpérer de répandre de véritables lumières fur cette Science. La Géographie Phyfique
ne peut être éclairée que par la Phyfique
célefte, l'Aftronomie feule peut nous fervir
de guide. Cette partie des connoiffances humaines n'eft la plus parfaite, que parce que les
objets qu'elle confidère font les plus fimples
fur lefquels l'efprit humain puiffe s'exercer (1).
Les efpaces céleftes, les fphères qui les parcourent, les aires qu'elles y décrivent font le
véritable domaine des Mathématiques ; c'eft-là
qu'elles font dégagées de toutes les actions de
plufieurs élémens, de toutes les combinaifons
qui en réfultent, de toutes les complications
qui en naiffent & qui furchargent l'application

(1) La Géométrie, confidérée comme Science de
l'étendue & du mouvement, eft dépouillée de toutes
les autres circonflances phyfiques ; elle eft purement
intellectuelle, & l'ouvrage de l'efprit qui a établi cette
exactitude fur les abftractions : exactitude qui n'a plus
lieu, rigoureufement parlant, dès qu'en appliquant la
Géométrie à la Phyfique, on la fait fortir de l'imagination de l'homme, pour la rapprocher de la Nature.
*Voyez l'Aftronomie ancienne par M. Bailly, Difcours
Préliminaire, pag. vij.*

D iij

de la Géométrie à la plupart des phénomènes de la Phyfique terreftre, & rendent cette application, finon impoffible, au moins auffi difficile qu'incertaine ; c'eft dans les efpaces céleftes que la Géométrie dicte des loix fimples & effentiellement juftes. Nous commencerons donc par expofer celles de ces loix auxquelles nous croyons devoir rapporter toute notre Théorie.

La révolution de la Terre autour du Soleil, la courbe qu'elle y décrit, le tems de la révolution de cette courbe, fes anomalies, les différences des diftances & des afpects folaires, font les véritables élémens des loix de fon mouvement général ; & il eft auffi reconnu que facile à prouver, que ce font auffi les élémens de la chaleur qu'elle reçoit. Ces deux premiers principes de toutes fes modifications, le mouvement & la chaleur, dépendent donc effentiellement des loix de fa révolution, & ne peuvent varier qu'avec ces loix : mais ces loix font-elles variables ? Voilà la première queftion qui fe préfente, & nous nous rencontrons ici avec l'Académie de Péterfbourg (1). Nous fentons

____

(1) Prix propofé par l'Académie Impériale des

combien nous nous expofons à être accufés de
témérité, en ofant décider cette queftion, ou
au moins prendre pour principe la folution

Sciences de Saint-Péterf bourg, pour l'année 1781.

Comme toutes les mefures du tems fe rapporrent
au mouvement diurne de la Terre, qu'on a regardé
de tout tems comme uniforme & inaltérable, par la
réfiftance de l'Atmofphère ou de l'Ether, par les forces du Soleil & de la Lune fur le Sphéroïde applati,
par la marée qui change la figure de ce Sphéroïde
& conféquemment auffi fes axes principaux, ou enfin
par d'autres forces quelconques, en tant que leur
moyenne direction ne paffe pas le centre de gravité
de notre Globe; fans que jufqu'ici perfonne ait démon-
tré que cette fuppofition foit conforme à la vérité :
on demande, « fi l'on peut produire des preuves
« convaincantes de cette égalité des rotations de la
» Terre ». Ou bien, en cas que ce mouvement diurne
ne foit pas uniforme, & qu'il ait fouffert réellement
quelques légères altérations produites par la réfiftance
de l'Air & de l'Ether, ou par quelqu'autre force qui
puiffe agir fur la Terre, on demande encore, « 1°. par
» quels phénomènes on peut connoître ces altérations
» produites dans le mouvement diurne; 2°. par quels
» moyens on peut rectifier la mefure du Tems, afin
» d'en tirer une comparaifon exacte entre la mefure
» du Tems des fiècles paffés & celle de nos jours ».
*Voyez le Journal de M. l'Abbé Rozier, Mars 1772,
pag. 234 & 235.*

D ij

que nous préfenterons, avant que cette favante Compagnie ait prononcé : mais la marche de notre travail ne nous permet pas de différer d'expofer nos idées fur ce problême. Si cette illuftre Académie ne l'avoit pas propofé, nous aurions agité cette queftion ; nous fuivrons notre marche, comme fi fon Programme n'eût pas été donné. Si nous fommes forcés de reconnoître quelques erreurs dans notre Théorie, loin de chercher à les défendre, nous nous empefferons de les avouer & de nous rectifier.

Nous traiterons donc des mouvemens de la Terre, & particulièrement de l'égalité ou de l'inégalité de la durée des années ; & nous ofons efpérer que nous préfenterons quelques idées neuves.

Le mouvement général des Eaux étant la bâfe & le principal objet de notre travail, nous appliquerons à ce monument les loix que nous aurons reconnues : mais la maffe des Eaux ne préfente-t-elle d'autre queftion importante que celle de fon mouvement ? cette maffe totale des Eaux ne fait-elle que circuler fur la furface de la Terre, ne doit on confidérer que fon tranfport fucceffif d'une partie de cette

furface fur l'autre? ou cette maffe totale dimi-
nue-t-elle, y a t-il moins d'eau fous forme
liquide fur le Globe, qu'il n'y en avoit autrefois? Cette grande queftion a été agitée par
beaucoup de Phyficiens; elle eft, comme nous
l'avons déjà dit (& cela eft évident par foi-
même) la bafe de notre Théorie. Nous la traiterons donc avec toute l'attention dont nous
fommes capables : nous annonçons d'avance
que nous nous fommes déterminés pour la diminution progreffive; mais non pas égale dans des
intervalles de tems égaux.

Quelle peut donc être la nature, quel peut
être le nombre des caufes de cette diminution?
Voilà ce que nous nous propofons d'examiner
dans le Volume qui préfentera notre Théorie des eaux. Mais, pour l'indiquer ici
fommairement, il nous fuffira de dire que
la première caufe, la plus énergique, nous
paroît être l'addition de chaleur dans le Globe.
Cette augmentation de chaleur, fi elle exifte,
doit agir de deux manières : elle doit élever
plus d'eau, ou de principe humide dans l'Atmofphère, qui fera d'autant plus propre à en
foutenir une plus grande quantité, qu'elle fera

plus échauffée. Cette augmentation de chaleur doit encore produire plus de force vivifiante, organifante dans la Nature ; les Etres organifés doivent donc conftamment s'augmenter en nombre fur la furface de la Terre, il doit donc y avoir conftamment & à chaque inftant plus d'eau fixée &, pour ainfi dire, folidifiée dans les corps organifés co-exiftans ; les débris de ces corps, lorfque le principe qui animoit leur organifation les abandonne, doivent être plus difpofés à contracter de nouvelles unions, à entrer dans de nouvelles combinaifons, à former de nouveaux mixtes ; parce que leurs principes auront déjà été élaborés, atténués dans les filtres végétaux & animaux. Nous nous rencontrons ici avec un Philofophe bien digne de toute la célébrité qu'il a acquife ; nous nous eftimerons heureux, toutes les fois que nous pourrons nous trouver d'accord avec lui ; ce ne fera qu'avec regret que nous ferons forcés de nous écarter de fes idées ; & ce n'eft qu'à l'évidence, ou au moins à la perfuafion de la vérité, que nous pourrons facrifier notre refpect pour fes opinions. M. le Comte de Buffon a préfenté avec cette force, avec cette éloquence qui lui font propres, l'augmentation progreffive de la maffe folide du Globe, par la formation continuelle des maffes calcaires dans l'intérieur des mers.

Les caufes que nous venons d'indiquer produifent des effets qui fe combinent, & d'où naiffent encore d'autres effets analogues ; elles deviennent, pour ainfi dire, caufes augmentatives d'elles-mêmes. Un terrein ne peut être abandonné par les eaux, qu'il ne fe difpofe à porter des Etres organifés ; toutes les parties de fon domaine que l'Océan perd, deviennent le domaine des végétaux & des animaux ; ceux ci, tant pendant leur durée qu'après leur deftruction, & par leurs débris même, qui tendent à fe convertir en matière folide, accroiffent donc toujours l'empire du folide. Vainement nous objectera-t-on qu'en perdant le principe qui les avoit élevés à l'état d'Etres vivans, ils rendent à la maffe humide, par leur deftruction & par l'évaporation, tout ce qu'ils en avoient reçu ; nous croyons très-démontré que l'Eau, devenue principe des corps, y contracte une adhérence qui s'oppofe à fon retour à l'état de fluide, ou qu'au moins, s'il doit un jour avoir lieu, la progreſſion de ce retour eſt beaucoup plus lente que celle par laquelle l'Eau arrive à l'état de ſolide. La maſſe du ſolide s'accroît donc journellement aux dépens du volume de la maſſe totale du fluide.

Ce ſont toutes ces actions, toutes ces combinaiſons que nous nous propoſons de raſſembler, d'analyſer, en rapprochant tous les faits, toutes les obſervations ; en les enchaînant dans leur ordre naturel ; en les rapportant à notre première cauſe, & en les en déduiſant toujours ſuivant les loix d'une ſaine Phyſique.

La néceſſité d'expoſer clairement, quoique très-ſommairement, nos idées ſur la diminution de la maſſe totale des Eaux, diminution que nous avons adoptée, ne nous a permis que d'indiquer deux cauſes auxquelles nous attribuons cette diminution, & nous avons préſenté particulièrement l'addition de la chaleur, comme ſi cette addition étoit une vérité reconnue. Cependant tout le ſyſtême de ce Philoſophe que nous venons de nommer, & que nous déſirerions de ne jamais citer que comme une autorité en notre faveur, s'éleve ici contre nous. Selon lui, non-feulement la Terre, mais tous les corps céleftes, marchent rapidement à une congellation abfolue de toutes leurs parties ; il a fixé l'époque où tout le fyftême folaire fera le féjour des frimats éternels, où le Soleil n'éclairera plus que des glaçons. Un Philofophe qui réunit, ainfi que celui dont nous parlons, les connoiffances les plus profondes, l'efprit le plus agréable & l'éloquence la plus perfuafive, a admis cette hypothèfe ; il l'a adaptée, de la manière la plus ingénieufe, à un fyftême auffi brillant qu'intéreffant ; il a fondé fur ce principe du refroidiffement progreffif, la partie de fon fyftème qui avoit peut-être le plus befoin d'une bâfe plus folide ; il a même hâté la marche de fon guide, & accéléré la progreffion déjà calculée.

Deux Adverfaires auffi refpectables ne s'écartent pas avec une fimple fuppofition. Ce n'eft qu'après s'être appuyé fur les principes les plus évidens, après s'être armé des preuves les plus fortes, que l'on peut ofer combattre les idées de deux auffi grands hommes. Nous expoferons donc notre Théorie fur l'addition de la chaleur de la Terre, & nous efpérons ne rien laiſſer à defirer à cet égard. L'évidence peut ſeule remplacer l'opinion de MM. de Buffon & Bailly : mais cette augmentation de chaleur que nous emploierons comme une vérité mathématique, après lui avoir aſſuré ce caractère, doit-elle s'accroître à l'infini & par une marche conſtante & invariable, ou la Terre eſt-elle ſoumiſe à de grandes viciſſitudes de froid & de chaud? Les loix de la Phyſique céleſte ne déterminent-elles pas, pour notre Globe, de longues périodes d'augmentation & de longues périodes de diminution de chaleur ? N'ont-elles pas fixé un dégré de chaud & un dégré de froid qui ne peut jamais être excédé ? Quelles feroient ces périodes ? Quels feroient ces dégrés? Voilà ce que nous nous propoſons d'examiner. Si la vérité de nos aſſertions peut jamais être auſſi démontrée pour nos Lecteurs, qu'elle l'eſt pour nous ; nous croirons alors avoir vraiment déterminé les époques de la Nature, ou au moins celles de la Terre.

Après avoir traité ces grandes queſtions de l'augmentation de la chaleur, de la diminution des eaux , du mouvement général des eaux , nous adapterons à l'état actuel des grands volumes d'eau de la surface de la Terre , la Théorie qui résultera de ces considérations ; nous rapporterons tous les monumens , toutes les traces du passage & du séjour des mers sur cette surface , aux états de submersions antérieures. Nous réunirons ainsi dans une Théorie générale , les états antérieurs , l'état actuel & les états futurs & successifs des grands bassins ; nous considérerons en particulier chaque détroit ; nous chercherons l'époque à laquelle il a dû commencer à paroître par l'émersion des terres qui le bordoient alors , ou à se former par l'action des Eaux ; nous considérerons les changemens qu'il doit éprouver , soit en tendant à s'élargir, soit en tendant à se combler, soit en se dessechant.

La Théorie des montagnes & toutes les considérations qui leur sont relatives , se trouveront liées nécessairement à ce que nous aurons dit sur les mouvemens & sur les effets des Eaux ; nous examinerons si l'existence de toutes ces élévations remonte à l'origine du Globe, si toutes lui sont postérieures , ou si quelques-

unes sont auſſi anciennes, & d'autres plus re-
centes : quelles seroient, dans ce second cas,
celles de nouvelle formation ; quand & comment ont-elles pu se former ; sont-elles toutes
sorties du sein des eaux ? quand & comment
ont-elles pu devenir le séjour des végétaux &
des animaux ? quel fut l'état de ces Etres sur
ces terreins neufs ; quels sont ceux qui ont dû
s'y développer les premiers ; quelle nature de
sol, quel aspect céleste, quel dégré de chaleur
ou de sechereſſe a pu, dans l'origine, convenir à chacun de ces Etres : ont-ils dû, par les
variations des aspects & par celle d'un sol plus
élaboré par l'Atmosphère & par la chaleur, se
détériorer ou se perfectionner ? plusieurs espèces
n'ont-elles pas dû éprouver des modifications
dans leurs formes, qui les ont rendu mécon-
noiſſables ; plusieurs même n'ont-elles pas pu
disparoître totalement ? quelles ont dû être les
causes & les époques de ces altérations dans
les deux règnes organisés ; enfin l'énergie de
la somme totale de la vitalité a-t-elle dû, doit-
elle encore tendre à s'exalter ou à s'affoiblir
dans la Nature, ou doit-elle seulement parcourir différens climats, en se variant & se

compensant

compensant succeſſivement ſur la ſurface de la Terre ? Ces queſtions, qui ne paroiſſent juſqu'à préſent que des ſpéculations téméraires & vaines, préſenteront peut-être des données aſſez préciſes, & ſe rapporteront à des princi-pes aſſez certains pour devenir l'objet de diſ-cuſſions vraiment philoſophiques. L'Hiſtoire Morale du Monde ſe déduira donc de l'Hiſtoire du Monde Phyſique ; & quel eſt le Philoſo-phe qui doute que cette déduction ne ſoit rigoureuſement juſte dans l'ordre naturel ? il ne s'agit que de ſaiſir les vrais principes & la marche de cet ordre ; & c'eſt ce que nous ôſons nous propoſer. Si nous parvenons à répandre quelque lumière ſur ces grandes queſtions, cette partie de notre Ouvrage ne ſera pas la moins intéreſſante.

Voilà quels ſeront les ſujets de nos premiè-res Diſſertations ; elles ne ſont point étrangè-res, comme on le voit, à notre objet principal ; elles préſenteront & établiront les principes ſur leſquels toute notre Théorie ſera fondée, & auxquels nous nous réfererons dans toutes nos explications. Les obſervations que nous ferons ſur la Topographie de la France ſe

E

rapporteront donc à la Théorie générale de la Terre, & s'éclaireront de cette Théorie qu'elles ferviront à confirmer ; elles placeront des jallons fur les plans de notre Globe. Les feuilles de Difcours féparés des Cartes, féparés même de ceux uniquement deftinés à l'intelligence phyfique & à l'objet d'utilité pratique de ces Cartes, nous en faciliteront les moyens, fans nuire à l'ordre, à la clarté de notre Ouvrage, & fans nous écarter par conféquent de notre marche.

Nous adopterons comme une vérité certaine un fait qui paroît admis par tous les Philofophes, & dont l'obfervation de la Nature fournit à chaque pas des preuves que nul raifonnement ne peut atténuer. Cette vérité de fait eft que la France a été fous les eaux de la Mer ; les traces de fon féjour fur notre Sol fe rencontrent à chaque pas. Les maffes énormes de matière animale qu'elle y a dépofées, les maffes bien plus confidérables encore de terreins qui n'ont pu recevoir que dans fon fein leur configuration extérieure, & l'organifation intérieure qu'ils préfentent lorfqu'ils font ouverts, les couches horifontales étendues fous la furface de ces terreins; tous ces faits décèlent un très-long féjour de notre Terre fous les eaux de la Mer. Ces eaux ne fe font pas retirées fubitement. La marche de la Nature eft conftante & uniforme, mais lente dans fes grands effets.

Il eft néceffaire cependant de fe faire une idée jufte & précife de cette uniformité de la Nature. C'eft dans les principes d'action, dans la nature de ces principes, qu'exifte réellement cette uniformité; mais non dans l'identité & dans l'étendue des effets : les effets précédens deviennent eux-mêmes des caufes du changement des effets qui les fuivent; ils produifent de nouvelles circonftances qui changent les rapports des corps foumis aux actions des caufes générales. Il ne faut pas attribuer ces anomalies apparentes à aucune variation dans le principe de l'action; mais au nouvel état où eft arrivé le corps qui éprouve cette action.

La manière dont la Nature agit aujourd'hui dépofe de la manière dont elle a agi autrefois, & la retraite continuelle des eaux de deffus la furface de la France, feroit une vérité de raifonnement, fi elle n'étoit pas une vérité d'obfervation. L'action de la Mer contre une partie de nos Côtes qu'elle attaque & qu'elle mine fenfiblement, femble fournir une objection très-forte contre notre affertion de la diminution générale ; mais nous verrons ailleurs comment, après s'être retirée de def-fus ces terreins par fa diminution conftante, elle peut enfuite, par fes grands mouvemens produits par les vents & par les marées, miner & fapper ces terreins, lorfqu'ils lui préfentent des coupes efcarpées, & nous verrons ces efcarpemens fe former fous nos yeux.

Nous préfenterons dans différentes Cartes, lavées & enluminées, cette émerfion de la France de deffous les eaux ; nous les verrons laiffer à découvert les chaînes de montagnes, les grands plateaux, ou même des pics ou montagnes ifolées ; nous nous arrêterons à chacune de ces époques que nous choifirons, & nous y confidérerons l'état où devoit être alors la furface fortant du fein des eaux. Un Mémoire particulier fera joint à chaque Carte pour en faciliter l'intelligence ; nous y expo-ferons les motifs qui nous auront déterminés à nous arrêter à tel ou tel niveau, & nous óions eſpérer que la nature de ces motifs, les rapports qu'ils auront avec la Phyſique générale & avec la Topographie de la France, ne permettront pas de les regarder comme arbitraires.

C'eſt en ſuivant ainſi l'émerſion de la France, l'abaiſſement ſucceſſif du niveau des eaux audeſſous des différentes parties de ſa ſurface, que nous pourrons diſtinguer plus aiſément les travaux de la mer et ceux des eaux pluviales dont l'action ſur la Terre a commencé à l'inſtant où elle a été découverte, & c'eſt à ces deux cauſes que nous attribuerons les formes des terreins ; nous ne négligerons point l'obſervation des effets produits par les volcans. L'Ouvrage de M. Faujas de St. Fond ; les recherches de M. Deſmares ſeront, pour nous, d'excellens guides, & nous fourniront les Mémoires les plus utiles. Peut-être les époques où ces volcans ont dû s'enflammer, celles où ils ont dû s'éteindre, ſe lieront-elles à la Théorie des émerſions & aux décroiſſemens des eaux d'une manière plus ſatisfaiſante qu'on ne l'a penſé juſqu'à préſent. Ces grands monumens ſont des feuillets des Faſtes de la

Nature : il y en a d'épars beaucoup plus qu'on ne le croit ; il suffit de les raffembler, de les placer dans l'ordre dans lequel ils fe font fuc-cédés, pour qu'ils puiffent former différens Chapitres de l'Hiftoire du Monde : les coquil-lages, les plantes, les reftes d'animaux exoti-ques, enfouis dans tant d'endroits, formeront peut-être un des grands Chapitres de cette Hiftoire.

Nous appellerons *formes primitives* celles qui auront été produites fous la Mer, & *for-mes fecondaires*, ou *fillonnemens*, les modifi-cations ou altérations de ces formes que nous reconnoîtrons pour être l'effet des eaux plu-viales. Nous confidérerons ces eaux comme agiffant de deux manières, ou comme courant à découvert fur la furface de la Terre & la creufant, ou comme pénétrant cette furface, s'arrêtant fur des bancs de terre propres à les retenir, & fuivant les plans inclinés de ces bancs. Nous les verrons fe pratiquer des routes fouterraines qui tendent toujours à s'aggrandir en furface & en hauteur, & qui y tendent d'autant plus conftamment, qu'elles ne peuvent s'enfoncer, la nature du fol fur lequel elles courent & qui est inattaquable par elles, ne leur permettant pas d'agir dans cette direction.

Ces considérations, & l'aspect des vallons qui s'éleveront insensiblement sous nos yeux, nous conduiront à la véritable Théorie générale des vallons : nous observerons leur formation, leur direction vers les lignes des plus grandes inclinaisons, leur réunion dans ces lignes. Nous verrons les grands bassins se circonscrire ; nous y suivrons les directions & les sinuosités des fleuves, des rivières & des ruisseaux qui les arrosent : la surface de la France se formera par la réunion de deux grands Plans inclinés, l'un du sud au nord, & l'autre de l'est à l'ouest. Le premier descendant des Pyrénées, & l'autre des Alpes ; & formant dans la ligne où ils se réunissent, la grande vallée où coule la Loire. Dans chacun de ces bassins, qui se présenteront successivement & par parties sous nos yeux, nous considérerons les lignes hautes des terreins qui les circonscrivent, les différens vallons particuliers & secondaires ou tertiaires qui s'y sont formés par les courans des eaux pluviales, la figure, la nature & la hauteur des intervalles solides de terrein qu'ils

E ix

laissent entre eux, les profils de ces terreins à la partie la plus élevée & à la partie la plus basse : les détails dans lesquels nous nous proposons d'entrer à cet égard, ne peuvent être exposés ici que très-sommairement ; la manière dont nous parcourons la France, la rend, pour nos Lecteurs, un pays nouveau.

La plupart des objets que nous considérons n'ont pas encore reçu de nom ; nous osons regarder la Géographie Physique que nous présentons comme une science neuve ; & ce qui nous autorise à le dire, c'est que nous ne trouvons point de termes consacrés ou même reçus pour plusieurs objets qui doivent fixer notre attention. La science dont la Langue n'est pas faite, n'existe certainement pas. Nous croyons donc devoir faire précéder nos Cartes Topographiques par un Dictionnaire des noms des terreins à considérer par leurs formes, par leurs élévations relatives ; nous osons espérer que les noms que nous aurons choisis & consacrés, paroîtront suffisamment expressifs & clairs, & que l'on reconnoîtra qu'il étoit nécessaire de les adopter.

LA CARTE que nous annonçons fera intitulée, *Carte Physique & Hydrographique de la France;* elle contiendra, ainfi que nous venons de le dire, le cours de toutes les eaux qui l'arrofent, la véritable configuration de fon fol, les pentes, l'évâfement des vallons, les inclinaifons des collines, les hauteurs des montagnes & des crêtes qui féparent les baffins des rivières, la forme, l'étendue & les différentes inclinaifons de ces baffins, l'élévation, au-deffus de la Mer des différentes couches d'argile ou de glaife qui foutiennent les eaux à différentes profondeurs fous la furface de la Terre, les inclinaifons de ces couches, leurs ruptures occafionnées par ces inclinaifons, & les verfemens qui réfultent de ces caufes; nous y joindrons toutes les grandes Routes de terre, pour pouvoir nous occuper enfuite, & comme nous le dirons plus bas, de leurs rapports avec les Routes d'eau.

Cette Carte fera divifée par feuilles de grandeur *in-folio;* elle réunira l'avantage de pouvoir être mife en porte-feuille, confidérée par partie & rapprochée des Difcours qui feront relatifs à chaque feuille, & qui, étant de même format, pourront y être joints, à la facilité d'être assemblée en une seule Carte. Chaque feuille contiendra quatre-vingt-mille toises d'Orient en Occident, & cinquante-mille toises du Midi au Nord ; les quarante-cinq qui la composeront étant assemblées, formeront un quarré de douze pieds fur chaque côté, grandeur suffisante pour que tout soit sensible, & pas assez considérable pour ne pouvoir être placée & considérée dans cet état, dans lequel on saisira d'un seul coup-d'œil & d'une manière claire, le système général de toutes les Routes de terre & celui de toutes les Navigations, soit naturelles, soit artificielles, existantes ou seulement projettées.

Pour faciliter les observations de tous ces rapports, & laisser à la Carte toute la netteté qui lui est nécessaire, nous supprimons toutes les positions qui ne sont d'aucune importance, ainsi que toutes les lignes qui, dans les autres Cartes, servent à marquer les limites des divisions civiles, telles que Diocèses, Gouvernemens, Généralités, &c. (1). Cette Carte ne

____

(1) On doit observer que les lignes des différentes

présentera que la Topographie phyſique &
conſtante du Royaume. Elle ſera donc véritablement une Carte perpétuelle, & les légères variations qui pourroient arriver dans ſa
Topographie, & qui ſeroient produites par
l'établiſſement de nouvelles navigations, par
la conſtruction, ou par l'abandon de pluſieurs
chemins, ſeront très-aiſées à y introduire, par
les moyens que nous allons indiquer, & qui
appartiennent à l'article où nous nous propoſons d'expoſer l'utilité de cette Carte.

Toutes les crêtes des montagnes ou des
plaines élevées, qui circonſcriront les différens
baſſins, ſeront tracées en rouge ; & toutes les

divisions civiles ſe confondent ou s'entrecoupent ſouvent ; les contours des Gouvernemens, des Diocèſes,
des Parlemens, des Généralités n'étant point les
mêmes, & formant ſouvent des iſles les uns dans les
autres, cette raiſon étoit ſuffiſante pour nous déterminer à ne faire graver ſur notre Carte aucune de ces
diviſions. Nous ne ſuivons que celles de la Nature,
qui ſont les chaînes de montagnes & le cours des
eaux ; ce ſont les ſeules relatives à notre objet. On
pourra cependant faire rapporter au pinceau ſur nos
Cartes, telle des diviſions civiles que l'on deſireroit.

hauteurs au deſſus de la Mer, ou toutes celles au-deſſus des lits des fleuves, qui auront été déterminées d'une manière ſûre, ſeront marquées en chiffres : ceux qui indiqueront les hauteurs au-deſſus du niveau de la Mer, ſeront placés ſur la ligne rouge ; ceux qui indiqueront les hauteurs au-deſſus du lit de la rivière par la perpendiculaire, ſeront placés entre la ligne rouge & la rivière. Les navigations naturelles ſeront lavées en bleu, les navigations artificielles, ou les canaux, ſeront lavés en vert, & les navigations projettées ſeront lavées en jaune ; le reſte des eaux ſera tracé en noir, comme dans les Cartes ordinaires.

On donnera en outre une Carte qui indiquera l'aſſemblage de nos feuilles, & qui facilitera le moyen de rapporter, en un inſtant, tel point donné de ces feuilles avec le point qui lui correſpond ſur celles de l'Académie, afin de pouvoir rapprocher aiſément tous les objets que préſentera notre Carte, de tous ceux que renferme celle de l'Académie, & que nous avons été forcés de ſupprimer.

De l'utilité de cette Carte.

Cette Carte fera véritablement la Carte perpétuelle & invariable de la France ; une forèt s'éleve fur un fol qui n'en a jamais porté, une autre difparoît de deffus celui qui la nourrit depuis des fiècles : un village eft détruit, on en conftruit ailleurs un autre : la furface de la Terre fe couvre fucceffivement des ouvrages des hommes ; mais les montagnes peuvent être confidérées comme immuables, les cours des rivières varient rarement, & ne s'éloignent que très-lentement des lits qu'elles fe font creufés depuis des fiècles ; encore ces variétés ne fe font-elles appercevoir que dans des rivières du fecond, & furtout du troifième & du quatrième ordre. Il ne paroît pas que la Loire, la Seine, le Rhône, la Garonne, &c. aient fouffert aucun changement confidérable dans la direction de leurs cours ; & l'on verra bientôt que les légères variétés que nous avons fuppofées, fi elles arrivoient réellement, feroient très-aifément rapportées fur notre Carte, ou par nous, ou par ceux qui, après nous, veilleroient à fa confervation & à fon perfectionnement, & que chaque propriétaire d'un exemplaire de cette Carte, pourroit de même les y placer ; ce qui nous autorise à dire, avec la plus exacte vérité, que notre Carte sera une Carte perpétuelle, & qu'il n'y a point à craindre, qu'il est même impossible qu'il y en ait jamais une nouvelle Edition qui diffère de la première, & qui ait le plus léger avantage sur elle.

Cette Carte étant précédée de nos Cartes d'émersions successives de la France, où les terreins submergés à chaque époque seront lavés en couleur d'eau ; on pourra aisément distinguer par la ligne des eaux, quelles sont les parties de notre sol qui sont restées à sec en même tems, & qui sont par conséquent au même niveau : conclusion applicable aux différentes couches qui se trouvent dans l'intérieur de ces terreins ; mais applicable plus particulièrement encore à la recherche des lieux par lesquels on peut tenter de nouvelles navigations. & établir, par des canaux, de nouvelles communications des eaux, puisque l'on y reconnoîtra le niveau auquel les eaux se soutenoient, lorsqu'elles étoient élevées à ces hauteurs. Cet ufage que l'on pourra faire de notre Carte fera expofé, avec plus d'étenduc & plus de clarté, dans notre Introduction, & rapporté à chaque feuille dans le Difcours qui y fera joint.

Nous indiquerons, dans ces Difcours, tout ce que nous faurons de relatif aux giffemens des minéraux : ce qui concerne cette partie très-intéreffante, n'eft pas notre objet principal ; cependant nous ne négligerons rien de ce qui pourra s'y rapporter. Les travaux des Savans qui s'occupent des Cartes minéralogiques de la France, nous feront d'un grand fecours ; & nous nous empefferons d'enrichir, non pas nos Cartes, mais les Difcours qui les accompagneront, des connoiffances que nous leur devons déjà, & de celles que nous avons droit d'attendre d'eux. Les occafions de leur témoigner notre reconnoiffance, nous feront toujours très-agréables. Nous défirerions fort qu'ils euffent rapporté les pofitions des couches qu'ils nous indiquent au niveau de la Mer, rapport effentiel que nous ne perdrons jamais de vue.

Cette Carte repréfentant avec exactitude la

configuration du fol, les cours des eaux, les crêtes des chaînes de montagnes, les vallées ou gorges qui les coupent, on pourra former un fyftème général de navigation ; c'eft-à-dire, que toutes les données phyfiques, toutes les poffibilités de verfement & de communication étant connues, on pourra rapporter toutes ces données aux avantages que l'état économique & le commerce des différentes Provinces pour-roient en retirer, comparer ces avantages entre eux & tracer enfin le plan du fyftème général de navigation le plus défirable, rapporter ce fyftême à celui des Routes de terre, les co-or-donner enfemble, & procurer ainfi à tous les tranfports les voies les plus avantageufes ; & à toutes les Provinces, les débouchés les plus importans.

Ce Plan général, qui réuniroit les directions & les communications les mieux combinées de toutes les Routes d'eau & de terre, étant arrêté, on pourroit marcher toujours à fon exécution, fans craindre de s'écarter d'un pas : à l'inftant où un nouveau projet feroit préfenté, on pour-roit, d'un coup-d'œil, juger de fa poffibilité phyfique & de fon utilité, par le rôle qu'il

joueroit

joueroit dans le Plan général ; tous ses rapports physiques & économiques seroient sous les yeux. Nous osons même penser que ce n'est que lorsqu'on aura formé le système & tracé le Plan général des navigations du Royaume, que l'on sera vraiment éclairé sur le système général des Routes de terre, & sur le dégré d'utilité de chacune de ces routes. Ce Plan général de navigation présentera des points communs à plusieurs branches, & qui indiqueront des Ports dans l'intérieur des terres, Ports dont la connoissance sera de la plus grande importance. Un motif puissant pour subordonner le système des Routes de terre à celui des routes d'eau, c'est qu'on peut faire des chemins par-tout, & qu'il n'en est pas de même des canaux. Nous entrerons, à cet égard, dans de plus grands détails, dans notre Introduction à l'usage de la Carte, & nous présenterons même nos idées sur le système général de navigation que nous jugeons le plus avantageux, d'après les possibilités physiques, & en considérant tous ses rapports avec le commerce général du Royaume, & avec le commerce particulier des Provinces.

F

Ce Plan général, une fois formé, ne seroit point semblable à tous ces Mémoires, à tous ces Projets, dont les bureaux des Ministres ou des Ordonnateurs des Routes de terre & d'eau se remplissent, & où ils sont ensevelis dans l'oubli, sans qu'on se soit suffisamment assuré s'ils méritent ce sort. Souvent un excellent Projet est rejetté par des considérations de tems, de circonstances, par des motifs & des intérêts mal entendus, par des oppositions étayées de plus de crédit que de raison, par des objections mal discutées ; enfin par mille raisons que nous ne nous proposons point d'exposer ici. Il nous paroît qu'il seroit très-important que tous ces projets fussent conservés, après avoir subi, à leur présentation, un jugement réfléchi & fondé sur de vrais principes ; que ce jugement leur restât joint, & conservât les raisons d'approbation ou de rejection. S'ils sont jugés utiles & que quelques-uns des motifs que nous venons d'indiquer ne permettent pas de les exécuter actuellement, réservons-les pour des tems plus heureux : s'ils doivent être proscrits sans retour, transmettons à ceux qui viendront après nous, les raisons qui les ont

fait rejetter ; évitons-leur la peine de les examiner, ou le danger de les adopter.

L'étude de notre Carte ne permettra de
proposer que des Projets exécutables, & leurs
rapports avec le syſtème général de navigation ; fixera leur véritable mérite relativement
à ce ſyſtême, ou les réduira à l'utilité locale,
toujours plus facile à évaluer. Enfin les poſſi-
bilités phyſiques, les convenances énonomi-
ques & les rapports, tant généraux que particuliers, feront plus aiſés à apprécier.

Pour tendre d'autant plus vers ce but, le
Diſcours qui ſera joint à chaque feuille, préſentera le boſſelage de cette ſurface, la cir-
conſcription des grands baſſins, leur conſidération en eux-mêmes, & leurs rapports avec
les baſſins qui les environnent, les détroits par
leſquels ces baſſins communiquoient les uns
avec les autres dans les ſubmerſions précédentes, l'ordre chronologique dans lequel ces
détroits ont veillé, c'eſt-à-dire, ont commencé
à paroître au-deſſus de la ſurface des Eaux. Or
ces détroits font évidemment les ſeules paſſes
par leſquelles on puiſſe eſpérer d'opérer des
communications d'eau.

F ij

En confidérant ces baffins en eux-mêmes, il fera facile de reconnoître les baffins particuliers qui y font compris, les directions dans lefquelles ces baffins fe font ouverts, les directions dans lefquelles courent les eaux qui les arrofent, les crêtes qui les circonfcrivent, les inclinaïfons de ces crêtes vers telle ou telle partie de l'horifon; en rapportant ces élémens aux lignes de fubmerfion, nous efpérons en déduire toutes les poffibilités phyfiques des verfemens d'un baffin dans un autre, établir des navigations dans l'intérieur de ces grands baffins, navigations que nous appellerons du fecond ordre; ne confidérant comme navigations du premier ordre, que celles qui s'opèrent par le verfement des eaux d'un grand baffin dans un autre grand baffin; par exemple, du baffin de la Loire dans celui de la Seine, du Rhône, de la Garonne, &c. Nos Difcours fur chaque feuille indiqueront encore les couches des terres qu'elles comprendront, la perméabilité, ou l'imperméabilité de ces couches aux eaux fupérieures, les directions, les inclinaïfons générales de ces couches, les ruptures qu'elles auront éprouvées par les affaiffemens & les éboulemens occasionnés par le travail des eaux sur les côtés des bosselages, ou espèces de presqu'isles qu'elles ont formées dans l'intérieur des terres; Théorie qui sera fondée sur des principes certains, & exposée avec toute la clarté dont elle est susceptible.

Enfin nous considérerons, en particulier & dans le plus grand détail, dans chacune de ces feuilles, l'état actuel des navigations, tant naturelles qu'artificielles, les nouvelles navigations que l'on pourroit y établir; & nous analyserons tous les Projets de canaux qui viendront à notre connoissance; nous ferons graver les Plans de ces canaux sur le même point que celui de notre Carte, & nous en délivrerons deux Exemplaires; l'un pour rester joint au Mémoire ou Discours sur la feuille où ils seront placés, l'autre pour pouvoir être découpé & transporté sur la Carte; ce qui, au moyen des indications & des règles que nous donnerons, deviendra de la plus grande facilité (1).

---

(1) L'Exemplaire destiné à rester joint au Mémoire, sera imprimé en papier fort ou ordinaire; l'autre Exemplaire, destiné à être découpé & collé sur la Carte, sera imprimé en papier mince.

Quant à quelques détails plus intéreſſans que ces projets pourroient préſenter, ſoit dans les excavations, ſoit dans d'autres ouvrages, nous les ferons graver plus en grand, pour reſter joints aux Mémoires.

La facilité de tranſporter ainſi ſur notre Carte toutes les navigations nouvelles qui pourroient être exécutées ou même projettées, mettra donc chaque Propriétaire d'un Exemplaire dans le cas d'avoir toujours ſous les yeux l'état général de la navigation actuelle & de la navigation poſſible. Il ne faut point oublier que les différentes navigations, ſoit naturelles, ſoit artificielles; que, parmi ces dernières, celles qui ſeront exécutées & celles qui ſeront ſeulement en projet, ſeront diſtinguées par des couleurs.

Notre Carte ſera donc véritablement, & ainſi que nous l'avons annoncé, une Carte perpétuelle; & elle conſervera & repréſentera toujours toutes les idées qui auront été conçues ſur tous les verſemens des eaux; elle ſera à la fois & le dépôt & le tableau fidèle de toutes les connoiſſances phyſiques ſur la navigation, & de toutes les idées d'étendue & de perfection que cette partie intéreſſante aura fait

naître, & qui, jufqu'à préfent, fe font enfe-
velies & perdues dans les porte-feuilles des
Auteurs, ou dans les cartons des Bureaux; on
ne fera plus dans cette Science un feul pas,
dont la trace ineffaçable ne refte gravée fur
nos Cartes, & les Mémoires qui y feront joints
conferveront des analyfes fondées en principes
fûrs & difcutés dans le plus grand détail, fur
la poffibilité & fur l'utilité de chaque projet
rapporté au fyftême général de navigation;
confidération importante, & qu'il eft d'autant
plus néceffaire de ne jamais perdre de vue,
qu'il en réfultera que fouvent un Projet qui,
feul & confidéré en lui-même, devroit être négligé, méritera d'être accueilli, protégé, exécuté
par le rôle qu'il jouera dans le fyftême général.

Nous ofons donc nous flatter, d'après le
Plan que nous venons de préfenter, que notre
Carte fera d'une utilité générale & conftante,
qu'elle repréfentera toujours la véritable Topographie phyfique & naturelle de la France,
quel que foit le dégré de perfection qu'ac-
querre fa navigation. Nous efpérons auffi que
la réunion des Mémoires que nous donnerons
avec chaque feuille, formera un Traité com-

plet de la Géographie physique de la France : Traité dont on n'avoit peut-être pas encore eu d'idée jusqu'à présent.

Nous ne nous dissimulons point l'étendue de l'engagement que nous contractons, ni les difficultés sans nombre que nous rencontrerons dans notre route. Mais (nous l'avons déjà dit, & nous nous permettrons de le répéter encore, pour justifier notre entreprise, & parce que l'ordre & la méthode peuvent seuls nous concilier la confiance de ceux qui liront ce Discours) vingt ans de méditations sur nos principes ; la certitude d'être remontés à des causes dont l'énergie est aussi incontestée qu'incontestable ; la sévérité de l'ordre synthétique que nous avons suivi, en subordonnant toujours les secondes causes aux premières, en déduisant toujours nos conclusions des premières loix, & en leur rapportant toujours le nombre, la nature & l'enchaînement des effets que nous avons observés ; l'application de notre méthode à une grande partie de notre Ouvrage déjà faite : tout nous autorise à espérer que nous pourrons remplir notre tâche.

L'étendue des lumières qui éclairent aujourd'hui la carrière que nous parcourons, la maſſe des connoiſſances qu'on a répandues ſur toutes les matières que nous traitons, l'eſprit philoſophique qui dirige, depuis pluſieurs années, les Savans, la multitude de faits & d'obſervations que nous puiſons dans leurs Ouvrages, nous fourniſſent des moyens ſans nombre & ſur leſquels nous étayons notre confiance. Nous ne perdrons pas une occaſion de leur en témoigner notre reconnoiſſance ; & ſi nous omettons de citer un ſeul des Savans dont nous aurons emprunté les ſecours, nous le prions inſtamment d'être très-perſuadé que ce ſera par inadvertence, ou par défaut de mémoire, & nous nous empreſſerons, au premier avis, de réparer nos torts.

C'eſt aux Auteurs de la Carte de France, donnée par l'Académie, que nous devons notre premier hommage ; ſans cet excellent & immortel Ouvrage, dont le nôtre eſt la ſuite & le complément, ce dernier n'eût pas été poſſible. C'eſt la Carte de l'Académie qui nous a préſenté la ſurface de la France, que nous aurions vainement cherché à connoître dans toutes les autres Cartes qui exiſtoient avant. Trop heureux fi nous pouvons faire pour ceux qui nous fuivront, autant que ces grands Hommes ont fait pour nous; & fi le travail auquel nous nous confacrons, peut quelque jour faire naître & exécuter ce fyftème, ce Plan de navigation générale de l'intérieur du Royaume, co-or-donné avec les Routes de terre, c'eft le pre-mier objet de nos vœux.

Nous prions avec les plus vives inftances, les Phyficiens & les Obfervateurs qui fe font occupés des matières que nous traitons, de nous aider de leurs lumières fur la nature des terreins qu'ils connoiffent, de nous faire part de leurs réflexions fur les obfervations qu'ils auront faites, de nous faire connoître les nivel-lemens de la certitude defquels ils fe feroient affurés. Toutes ces obfervations fe réuniront, fe lieront entr'elles dans notre Ouvrage, & formeront ainfi un fyftème régulier compofé d'une multitude de faits épars & perdus par le défaut de connoiffance de leurs rapports entre eux. Tous ces faits rapprochés fe vérifieront les uns par les autres, tous confirmeront notre Théorie de la configuration de la furface de la France, & prouveront que les principes qui

nous auront guidés, feront toujours applicables, avec la même jufteffe, à la configuration
de toutes les autres parties de la furface du
globe entier; fi quelques erreurs, quelques
inadvertences s'étoient gliffées dans les obfervations que l'on voudra bien nous communiquer, ou dans celles que nous aurions faites
nous-mêmes, nous en ferions avertis par l'in-
cohérence de ces obfervations avec toutes les
autres, & de nouveaux voyages que nous ferions
fur les lieux, décideroient la queftion. Nous
nous emprefferons ici de reconnoître combien
nous fommes redevables à M. Guettard; fes
recherches très-nombreufes fur l'Hiftoire Naturelle & fur la Topographie de la France,
l'efprit vraiment Philofophique qui a guidé
fes obfervations, la faine Phyfique qui a éclairé
fes réflexions, font pour nous des tréfors dont
nous connoiffons tout le prix. Nous le prions
d'agréer les témoignages de notre reconnoiffance, & nous invoquons fes fecours pour la
fuite de notre Ouvrage.

Enfin nous efpérons que la réunion des connoiffances déjà acquifes fur la furface de la
France, à celles dont les Phyficiens, les Natu-

raliftes & les autres Obfervateurs exacts, voudront bien nous faire part, & à tous les genres de recherches, de foins & de travaux auxquels nous nous confacrons, nous mettra à portée de préfenter au Public une Carte de la France abfolument nouvelle & digne de toute fon attention.

N'ofant cependant pas nous flatter de ne tomber dans aucune erreur, lorfque nous la reconnoîtrons nous-mêmes, où qu'on nous en indiquera, nous nous hâterons de nous rectifier dans des Mémoires particuliers deftinés aux additions, & que nous donnerons avec les livraifons fucceffives. Nous délivrerons les corrections gravées de ces erreurs, & propres à être tranfportées fur les Cartes d'une manière auffi facile que fûre.

Qu'il nous foit permis d'inviter tous les Phyficiens de l'Univers à faire, pour leur Pays, ce que nous ofons tenter pour le nôtre ; puiffe notre Ouvrage mériter leur attention, exciter leur zèle. Duffions-nous être infiniment devancés dans la carrière par ceux que nous invitons à y entrer, l'honneur de la leur avoir ouverte fuffit pour notre gloire ; & le plus ardent de nos vœux eft d'avoir des émules, duffions-nous trouver des vainqueurs.

AU ROI (1).

Sire,

Lorsque Votre Majesté voulut bien agréer l'hommage de ma nouvelle *Physique du Monde*, je sentis le zèle qui m'animoit s'accroître, & je ne m'occupai que des moyens de le rendre utile.

Ce n'est point, Sire, à exposer les principes simples & lumineux d'une nouvelle Théorie méchanique & physique de notre Monde, que doivent se borner mes travaux ?

(1) Cette Lettre communiquée à M. de Calonne, il y a plus de trois ans, & ensuite à M. le Comte de Vergennes, a été présentée par moi à Sa Majesté, le 10 Janvier 1786, avec le cinquième volume de la Physique du Monde.

quelqu'important qu'il foit d'établir ces principes, fans lefquels aucune Théorie ne repo-
fera fur des fondemens folides, je n'ai jamais
perdu de vue les applications que je me propofois d'en faire à l'utilité particulière de
votre Empire.

Je marche, Sire, avec autant de rapidité
que de fatisfaction vers cette époque, à laquelle
je dois donner tous mes foins à l'examen de
la Topographie de la France. Cette Topographie que je me propofe de faire connoître,
ce n'eft pas, Sire ; celle qui indique ftérile-
ment les fituations des Villes, des Bourgs &
des Villages ; mais celle qui, confidérée felon
les vues véritablement fécondes de la Géographie phyfique & de l'Hydrographie, fait naître ces utiles fpéculations qui ont pour objet
la navigation de l'intérieur du Royaume.

Cette partie de l'adminiftration eft une des
plus importantes, fans doute, par fon influence
fur le Commerce, fur l'Agriculture & fur la
Population. Que de fecours ne peut-on pas
tirer de la navigation de l'intérieur, foit en
tems de paix, foit pendant la guerre ?

C'eft en confidérant, Sire, la configuration

&, s'il eſt permis de ſe ſervir de ce terme, le boſſelage de la ſurface de la France ; les deux inclinaiſons de cette ſurface, l'une vers l'Océan, l'autre vers la Méditerranée : c'eſt en obſervant très-attentivement l'inclinaiſon particulière des collines, les pentes & l'évâſement des vallons, les hauteurs des chaînes qui ſéparent les baſſins des Fleuves & ceux des Rivières ; les inégalités d'élévations de ces chaînes, les couches d'argille ou de glaiſe qui ſoutiennent les eaux à différentes profondeurs ſous la ſurface de la Terre, les inclinaiſons de ces couches, leurs ruptures : c'eſt, dis-je, en obſervant tous ces faits, qui ſont les données de la Nature ; c'eſt en ſaiſiſſant les rapports les plus avantageux entre les navigations naturelles, les navigations artificielles déjà exiſtantes, & celles que l'on peut ſe procurer ; c'eſt enfin en combinant ces rapports avec les grands chemins, que j'eſpère parvenir à déterminer irrévocablement le véritable ſyſtème des Routes par terre & de celles par eau, co-ordonnées entr'elles de la manière la plus avantageuſe.

Les Cartes que, d'après ces obſervations,

j'aurai l'honneur de préfenter à Votre Majesté, feront donc, Sire, des Cartes Phyfiques, Hydrographiques perpétuelles & invariables, fur lefquelles on pourra toujours juger d'un coup-d'œil de la poffibilité, ainfi que de l'utilité de tous les projets de navigation qui feront préfentés.

Ce plan général de navigation, vers l'exécution duquel il faudra tendre toujours, indiquera les points communs à différentes Routes, foit d'eau, foit de terre ; il déterminera les Ports de l'intérieur du Royaume vers lefquels il conviendra le plus de diriger les navigations artificielles & les Routes de terre, qui, dans le fyftême général, doivent toujours être fubordonnées aux premières, parce que l'on peut faire des grands chemins par-tout, & qu'on ne peut pas établir par-tout des navigations.

Mes Cartes des émerfions fucceffives de la furface de la France, annoncées & expliquées dans le Profpectus de la *Phyfique du Monde,* donneront les niveaux d'une manière fûre ; elles détermineront irrévocablement toutes les paffes, & j'ôfe dire qu'elles feules peuvent

remplir

remplir cet objet, que ce n'eſt que par elles
que l'on peut parvenir à un nivellement de
la ſurface de la France, le plus exact qu'il
ſoit poſſible d'eſpérer, en ayant toutefois égard
aux ſommets dont la hauteur s'eſt abaiſſée, &
aux plaines qui ſe ſont élevées, dans une proportion qu'il faut déterminer localement.

Le terrein compris entre deux Rivières
qui raſſemblent les eaux de deux baſſins pour
les verſer dans les Mers par deux embouchu-
res différentes, peut être conſidéré comme
un toît à deux pentes, une de ces pentes
verſe les eaux pluviales dans l'une des deux
Rivières, l'autre pente les verſe dans un
autre baſſin, dont une autre Rivière occupe
le fond.

Le faîte de ce toît, la ligne où ſes deux
pentes ſe réuniſſent, voilà ce que j'appelle
la crête ; c'eſt elle qui ſépare deux baſſins
entre leſquels on peut déſirer d'établir une
navigation artificielle.

Ces crêtes n'ont pas dans toute leur direction la même hauteur au-deſſus du niveau de
la Mer, elles ont des enfoncemens, des ruptures produites par différentes cauſes ; ce ſont

G

ces parties les plus baffes de la crête qui déterminent les paffes ou les détroits que la Nature
a réfervés & qu'elle indique. C'eft par ces
paffes qu'il eft plus ou moins poffible d'établir
de nouvelles navigations, que de longs percemens rendroient fouvent trop difpendieufes.
C'eft à ces détroits qu'il faut placer des points
de partage, qu'il faut raffembler les eaux des
terreins plus élevés, qu'il faut en conduire
une quantité fuffifante pour entretenir les
biez.

Il faut que le biez d'un canal foit dominé
par une étendue de terrein fuffifante felon les
loix connues; or, voilà ce que mes Cartes
détermineront d'une manière évidente.

Il eft de la plus grande importance, SIRE,
de connoître très-exactement & dans un détail
que ne peut offrir aucune Carte géographique,
parce qu'aucune n'a été dreffée d'après ces
vues, l'état des crêtes qui féparent les différens baffins du Royaume (1), toutes les rup-

---

(1) On doit confidérer deux efpèces de baffins.
Les premiers font ceux des grandes Rivières, telles
que la Seine, la Loire, le Rhône, la Garonne, le

tures, tous les abaiſſemens, toutes les échan-
crures de ces crêtes, puiſque ce ſont autant
de détroits ou de paſſages par leſquels on
peut dériver les eaux d'un baſſin dans un
autre.

Un ſecond avantage qui réſulteroit de ces
travaux, un avantage qui n'eſt pas moins
important ſans doute, & qui ſeroit une ſuite
des mêmes obſervations, ce ſeroit celui de
pouvoir déterminer tous les canaux d'irrigation qu'il ſeroit poſſible de ſe procurer, ſoit
par les rigoles qui ſerviront à conduire les
eaux dans les points de partage de différens
canaux, ſoit par des rigoles ouvertes exprès
pour procurer des arroſemens à toutes les
parties de terrein qui mériteroient une attention particulière.

Enfin mes opérations me feroient connoî-

Rhin ; les ſeconds ſont ceux des Rivières contenues
dans ces grands baſſins, la Marne, l'Allier, la Saône,
la Dordogne, la Moſelle, &c. &c. de là naît la
diſtinction entre les navigations du premier & du
ſecond ordre. Il eſt infiniment intéreſſant de connoître très-parfaitement les crêtes qui circonſcrivent tous
ſes baſſins.

G ij

tre en même tems toutes les routes d'eau que l'on peut ouvrir, tous les arrosemens qu'il est possible d'obtenir, tous les grands desseche-mens qu'il faut faire, & les moyens d'y parvenir avec le plus de certitude & aux moindres frais possible. Arroser, dessecher, procurer des débouchés faciles, voilà les trois grands moyens de l'Agriculture, & l'Agriculture est la bâse de la puissance & du bonheur des Empires. Je me permettrai d'observer encore que la multiplication des routes d'eau rendra l'admi-nistration des chemins bien plus facile, & beaucoup moins chère.

Il ne reste d'objection à me proposer que celle que l'on peut tirer de la dépense qu'exige l'exécution de mes projets. Cette objection, SIRE, sera l'objet d'un Mémoire particulier, si VOTRE MAJESTÉ daigne accueillir favora-blement & avec bonté les vues que j'ai l'honneur de mettre sous ses yeux.

Si toutes les possibilités d'établir des communications entre différens bassins étoient connues, si elles étoient tracées sur des Cartes, on sent combien il seroit facile alors de déterminer le meilleur systême de navigation.

Toutes les branches de navigation ne peuvent pas, sans doute, s'établir à la fois; mais
en considérant séparement chacun des projets
qui seroient présentés, il seroit facile de le
rapporter sur la Carte générale. On auroit
sous les yeux tout l'ensemble de la navigation
dont chaque canal particulier doit faire partie;
on saisiroit donc aisément les rapports que tel ou
tel projet proposé auroit avec le système général,
& guidé alors par des vues aussi vastes qu'elles
seroient certaines, on ne feroit pas un seul pas
qui ne fût dirigé vers la perfection du Plan
général.

Pour satisfaire à la nécessité de présenter
d'une manière suffisamment claire & de bien
faire sentir les enfoncemens des crêtes, je
joindrai à mes Cartes des profils de ces crêtes,
sur une grande échelle, & sur chaque passe,
qui devroit être préférée pour verser les eaux
d'un bassin dans un autre, je présenterai des
Mémoires qui contiendront les motifs d'adoption, les raisons physiques, politiques & économiques qui peuvent influer sur ce choix.
C'est ainsi que le Ministère sera toujours facilement éclairé sur la véritable utilité de chaque

projet, & sur tous ses rapports avec la navigation générale ; alors les Particuliers ou les Compagnies qui se proposeroient d'entreprendre quelques-unes de ces navigations, auront sous les yeux, dans ces Mémoires & dans les devis dont je présenterai des apperçus, tous les motifs qu'il leur importe de considérer ; ces Particuliers ou ces Compagnies ne pourront plus se faire d'illusion, & l'on n'aura plus à craindre que l'on tente d'en faire au Ministère (1).

***

(1) Je ne pense pas que l'exécution de ces travaux doive jamais être confiée à des Particuliers, ou à des Compagnies. En proposant autrefois de me charger de la construction du Canal de Berry, j'avois remis à M. de Trudaine de Montigny, alors chargé des Ponts & chaussées, des Mémoires dans lesquels je prouvois que ces grands établissemens ne devoient être faits que par le Roi. Ce ne fut que parce que l'on me déclara que le Roi ne vouloit pas faire construire ce Canal aux dépens du Trésor Royal, que j'offris une Compagnie ; mais je donnai en même tems deux tableaux, l'un celui de la dépense qui devoit être faite par le Roi, & des bénéfices ; l'autre celui des bénéfices énormes que vouloit faire la Compagnie, & auxquels je ne voulois point participer.

C'eſt une vérité, Sire, parfaitement evi-
dente pour ceux qui ſont inſtruits des vrais
principes des navagations artificielles, qu'il
faut préférer pour établir des canaux les
endroits où il ne coule point de ruiſſeau. Les
biez ne doivent recevoir, autant qu'il eſt poſſible, que les eaux dérivées par les rigoles.
Si ces rigoles ſont ſuffiſantes pour la dépenſe
du point de partage elles le ſeront pour celle
de tout le canal, puiſque celui-ci verſe ſes
eaux dans tout le cours. Il eſt même d'une
grande importance d'éviter le plus qu'on le
peut le fond des vallons. C'eſt dans ces fonds
qu'il faut laiſſer écouler les eaux du canal

Il y auroit pluſieurs obſervations à préſenter re'a-
tivement à la manière de faire ces entrepriſes aux
dépens de l'Etat. Mais ce n'eſt point ici le lieu ;
d'ailleurs chaque projet offre des variétés dans les
moyens à prendre pour fournir à ſes dépenſes. Enfin
la conſtitution actuelle de cette branche d'adminiſtration, ſon organiſation influent néceſſairement beaucoup ſur la manière de mettre ces différens moyens en
uſage, & les rend plus ou moins praticables. Je ne
me permettrai point de conſidérer ici cette adminiſtration ; mes réflexions ſur cet article intéreſſant
feront l'objet d'un autre Mémoire.

lorsqu'on le met à sec pour les réparations annuelles. Une navigation artificielle pour être d'un usage facile & aussi constant qu'il est possible, pour n'être jamais contrariée par les eaux sauvages, pour avoir des francs bords toujours praticables, ne doit donc point être placée dans les fonds des vallées; observation dont ne s'occupent pas assez la plupart de ceux qui projettent de nouvelles navigations. Mes Cartes indiqueront d'une manière très-claire, les hauteurs auxquelles on pourra soutenir chaque canal.

Indépendamment de tout ce que j'ai l'honneur d'observer à Votre Majesté, sur les navigations artificielles, il est, Sire, infiniment important de fixer son attention sur l'état actuel des navigations naturelles. Plusieurs de nos Rivières qui pourroient être navigables, qui l'étoient même autrefois, sont impraticables aujourd'hui dans la totalité, ou au moins dans une partie de leurs cours. Il faut connoître les causes des obstacles & leurs remèdes.

Je ne me permettrai point, Sire, de répéter ici ce que j'ai déjà dit dans le Prospectus présenté à Votre Majesté, en 1779, &

imprimé dans le premier volume de la *Physi-*
que du Monde, & moins encore de développer
une multitude de vues néceffaires à concilier,
pour donner à cette vafte & importante fpéculation toute la perfection qu'elle exige. Je
me bornerai feulement à affurer à VOTRE
MAJESTÉ, que mes recherches répandront les
plus grandes lumières fur une partie infiniment
intéreffante de l'adminiftration de fon Empire.

Mes travaux pour l'établiffement du canal
de Berry, qui ont réuni tous les vœux de la
Province & des Provinces voifines, qui ont
mérité l'approbation du Miniftère, & dont
l'exécution n'a pu être arrêtée que par des circonftances étrangères au projet, m'autorifent
à me croire digne de la confiance de VOTRE
MAJESTÉ.

Voilà, SIRE, quels font les objets dont je
me propofe de m'occuper, ceux à la confidération defquels je vais confacrer tous les ans
un voyage de fix mois, fi VOTRE MAJESTÉ
l'approuve & daigne croire utile de m'en
faciliter les moyens.

En divifant, ainfi que VOTRE MAJESTÉ peut
le voir dans une très-grande Carte que j'ai dref-

fée, qui eſt chez M. le Comte de Vergennes, la ſurface de la France par baſſins, je me rapprocherai autant qu'il eſt poſſible de la diviſion que la Nature a faite elle-même. Chaque baſſin ſera pour moi un pays à part, un diſtrict particulier, dans lequel je conſidérerai la nature du ſol ſur lequel ſont répandus les débris des crêtes environnantes, plus ou moins abbaiſſées en différens endroits. Je déterminerai les profondeurs de ces abbaiſſemens, de ces gorges ou paſſes, par leſquels les baſſins peuvent communiquer les uns avec les autres; je reconnoîtrai toutes les paſſes vers leſquelles il ſera poſſible de dériver les eaux ſupérieures en quantité ſuffiſante pour établir des navigations artificielles. Je retrouverai, ſans doute auſſi, des traces bien marquées, des indices certains des anciennes crêtes, qui circonſcrivoient dans les tems antiques de plus grands baſſins. Ces baſſins il faudra les rapporter à différentes époques, bien antérieures à la mémoire des hommes, & vers leſquelles les baſſins étoient très-différens de ce qu'ils ſont aujourd'hui. Ces obſervations des hauteurs des crêtes au-deſſus du niveau de la Mer, contribueront peut-être encore à faire faire quelques pas de plus à l'Hiſtoire Naturelle du Globe.

Toutes mes opérations ſeront rapportées au niveau de la Mer; j'y apporterai le giſſement de toutes les couches de glaiſe & d'argille, celui de toutes les mines de charbon de terre & de métaux que je pourrai connoître, ſoit par moi-même, ſoit par le ſecours des Savans qui ſe ſont particulièrement occupés de ces recherches, & en conſultant l'important Ou-vrage intitulé, *Carte minéralogique de la France.* Je regrete fort que les Auteurs de ces Cartes n'aient pas rapporté les giſſemens des mines au niveau de la Mer, je me propoſe d'y ſuppléer.

J'oſe eſpérer, SIRE, que VOTRE MAJESTÉ prennant mes travaux ſous ſa protection parti-culière, voudra bien faire inſtruire de cette protection les Commiſſaires de ſon Conſeil départis dans les différentes Provinces, afin que je puiſſe y trouver les ſecours qui me feront néceſſaires. Mes travaux étant reconnus pour avoués par VOTRE MAJESTÉ, tous les Sujets de ſon Empire concourront avec un égal empreſſement, à fournir les inſtructions qui pourront contribuer à la perfection de cet important Ouvrage, unique objet de mes defirs, puifqu'il m'affurera le bonheur d'être utile à ma Patrie, & celui de plaire à UN Roi, qui aime fes Peuples autant qu'il en eft adoré.

Je fuis avec le plus profond refpect,

SIRE,

DE VOTRE MAJESTÉ,

Le très-humble & très-obéiffant Serviteur,

Le Baron DE MARIVETZ.

OBSERVATIONS.

Le projet du Canal de Languedoc remonte, dit-on, jusqu'au règne de Charlemagne ; quelque peu vraisemblable que soit cette idée, il est certain du moins que l'on s'est sérieusement & souvent occupé de ce projet depuis l'an 1559 ; & ce n'est que de 1663 que date son exécution.

Celui du Canal de Bourgogne fut présenté en 1515, & ce n'est qu'en 1675 que l'on a travaillé à construire ce Canal.

Le projet du Canal de Briarre fut aussi indiqué, dit-on, sous Charlemagne ; mais au moins est-il certain que l'on s'en occupa beaucoup sous Charles V, & ce n'est qu'en 1605 que l'on a commencé à l'exécuter.

Le projet du Canal de Berry, dont je parlerai dans cet Ouvrage, date de 1484, & l'Administration provinciale du Berry s'occupe encore aujourd'hui des moyens de parvenir à sa construction.

Je conviens que l'on trouve dans les dégrés de perfection qu'ont reçu tous ces projets depuis le tems où ils furent préfentés, des excufes, ou plutôt même la juftification des lenteurs que l'on a apportées à leur exécution ; mais l'Art étoit alors dans fon enfance, ce n'eft que depuis peu qu'il approche de fon dégré de perfection : nous n'avons heureufement plus befoin qu'un fiècle s'écoule pour vérifier l'utilité d'un projet de cette nature, & pour connoître parfaitement les avantages & les moyens de fon exécution. J'ofe affirmer qu'il n'en peut être préfenté aucun aujourd'hui qu'il ne foit très-facile d'apprécier, à tous égards, à fa jufte valeur en un an, ou en deux, tout au plus, fi l'on veut. Quelle fera donc l'excufe que ceux qui viendront après nous pourront nous prêter, lorfqu'ils exécuteront ce que nous aurons fi long-tems négligé ?

Ils diront, ainfi qu'on le dit depuis long-tems, ainfi que nous le difons aujourd'hui, c'eft en France que naiffent les meilleures idées, on invente tout en France ; mais c'eft en France auffi que que l'exécution éprouve le plus de difficultés, le plus de retard, le plus de négligence, & que fa marche eft la plus lente.

L'Angleterre qui n'avoit point de Canaux il y a cent ans, a multiplié ces veines nourricières qui portent & la vie & la force dans toutes les parties de son Isle ; elle a ouvert ces sources de l'abondance des productions du sol, & des richesses du commerce. Rien n'est plus intéressant & rien ne devroit être plus propre à exciter notre émulation, que la vue de la Carte hydrographique de l'Angleterre.

L'Empire Germanique & la Russie ont formé depuis peu, & ils exécutent déjà les plus grands projets de navigation intérieure ; déjà l'Amérique Septentrionale se propose les plus vastes entreprises dans ce genre ; & la France reste en arrière !.....

Les grands travaux que je propose seront sans doute exécutés un jour ; mais quelle en sera l'heureuse époque ?

Puissé-je au moins avoir présenté le véritable plan, les plus sûrs moyens de ces établissemens, & le véritable système de l'heureuse co-ordonation des routes d'eau avec celles de Terre.

Un des Canaux dont je pense qu'il seroit le plus important & le plus urgent de s'occuper, c'eſt celui que l'on peut tirer du **Rhin** juſques à Châlons ſur Marne, par les vallées de la Meuſe & de la Moſelle. Les avantages qui réſulteroient de ce Canal, & que je n'expoſerai point ici, ſont inappréciables.

C'étoit à la détermination de ce Canal, & au placement des deux points de partage qu'il doit avoir, que je me propoſois de conſacrer particulièrement le premier voyage que nous devions faire M. Gouſſier & moi, pour parcourir les crêtes qui forment le baſſin de la Seine, & celles qui déterminent les baſſins ſecondaires que celui-ci renferme.

Il réſulte de la conſidération de notre Carte hydrographique, que la France ſeroit coupée du Nord au Midi en deux parties à-peu-près égales par un Canal preſque perpendiculaire, depuis Calais juſques au Canal de Languedoc vers ſon extrêmité méridionale, & de ce Canal partiroient douze branches principales, qui verſeroient dans la Mer par les Provinces occidentales, & neuf autres branches qui, paſſant à travers les Provinces orientales, tomberoient dans le Rhin ou dans le Rhône, en profitant pour ces verſemens, tant

occidentaux

occidentaux qu'orientaux, de toutes les navigations naturelles ou artificielles déjà établies, de celles commencées en Bourgogne, & de celles qui sont projettées pour la Bretagne.

Indépendament de ces 21 branches capitales, on en ouvriroit plusieurs moins considérables dans l'intérieur des terres auxquelles il faudra procurer des débouchés faciles & multipliés.

J'ôse assurer que ma Carte présente le tableau le plus intéressant & le plus satisfaisant à tous égards ; mais elle ne pourroit être portée à son dernier dégré de perfection qu'après que nous aurions fait tous les voyages & toutes les observations dont il est parlé dans la Lettre que l'on vient de lire.

Ce seroit après avoir fait ces voyages & ces observations, que je me proposerois de faire graver ma Carte hydrographique générale ; je ferois graver en outre, & séparément, les Cartes des cinq grands bassins, & même, & séparement aussi, celles de chacun des bassins secondaires contenus dans ces grands bassins.

H

Je joindrois à chacune de ces Cartes un Mémoire très-détaillé, qui renfermeroit toutes les confidérations relatives à la navigation, aux deffechemens, aux arrofemens, à l'état économique de ces différentes parties de la furface de la France, à la nature & au commerce de leurs productions, à tous les genres d'amélioration dont elles font fufceptibles. J'y joindrois encore les obfervations relatives à leur Hiftoire naturelle, & fur-tout aux minéraux qu'elles renferment.

Alors la France feroit parfaitement connue, & j'ôfe dire que ce n'eft qu'ainfi qu'elle peut l'être, & que les moyens que je propofe font les feuls qui puiffent conduire à ce but, & remplir d'une manière parfaitement fatisfaifante cet important objet. Quant aux dépenfes de conftruction & d'exécution, je donnerois tous les ans, & après chaque voyage, des plans & des devis de ce que coûteroit chaque Canal ; & je le répète les moyens de pourvoir à ces dépenfes, qui doivent toutes être faites par le Miniftère, & jamais par des Compagnies, ne feroient pas très-difficile à se procurer. Il y a encore beaucoup d'autres moyens qui tiennent aux lieux & aux circonstances.

Je me crois autorisé à penser, d'après des apperçus, nécessairement peu exacts dans quelques parties, mais dont j'imagine que les erreurs se compensent à-peu-près, qu'il y auroit encore environ 700 lieues de Canaux à faire dans le Royaume, & que ces 700 lieues de Canaux coûteroient 70 ou 80 millions. Or, qu'est cette dépense comparée au bénéfice immense qui en résulteroit ? Je suppose que l'on y employât 10 millions par an, en moins de huit ans toute la France seroit dans l'état le plus florissant, par les productions de son sol, & par le commerce de ces mêmes productions & de toutes celles de son industrie.

La dépense ni la durée de mes travaux préparatoires ne peuvent effrayer. Je ne demanderois pour achever & perfectionner mes Cartes, & pour donner les Mémoires qui y seront joints, que cinq ou six ans ; & la dépense ne seroit que de 30 ou 35,000

liv. tout au plus par an , ce feroit donc environ 210,000 liv. que coûteroit cette grande
opération : je defire qu'il n'y ait jamais de
fomme , même bien plus confidérable , employée moins utilement

Que l'on ne foit point étonné que pour
de telles recherches je ne demande qu'un fi
court délai ; depuis plus de 20 ans que je
m'occuppe de ces confidérations , j'ai raffem-
blé un grand nombre de Mémoires & d'obfervations , j'ai lu tous les Auteurs qui ont écrit
fur ces matières , je les ai comparés , j'ai fait
des réfultats de ces comparaifons , je n'ai
prefque plus qu'à vérifier ces réfultats ; d'ailleurs mes plans d'obfervations , ma méthode ,
mes correfpondances , & fur-tout la divifion
phyfique que j'ai adoptée , faciliteront & abré-
geront infiniment mes travaux. Je fuis fûr de
remplir l'engagement que je prends , fi des
évènemens imprévus n'apportent des obftacles
que je ne puis calculer.

Quant à la dépenfe , je me flatte que tout
le monde jugera qu'il eft impoffible qu'elle
foit moindre , fi l'on fait attention au nombre

d'Ingenieurs & d'Hommes de journée dont il faudra nécessairement que nous soyons accompagnés M. Gouffier & moi, pour faire des opérations correspondantes & simultanées ; si l'on pense aux Ingénieurs qui prépareront les travaux de la campagne suivante, aux frais des fouilles pour reconnoître la nature des terreins, les profondeurs des couches d'argille qui ne font pas également inclinées par-tout, & dont les ruptures font quelquefois indiquées, ce qu'il est absolument nécessaire de connoître ; si l'on fait encore attention aux dépenses des routes avec les chevaux dont j'aurai besoin, à une multitude de frais imprévus, enfin aux travaux de l'hiver, pendant lequel des Ingénieurs mettront au net les opérations de la campagne, rédigeront les plans, dresseront les cartes, &c. &c.

Si l'on fait, dis-je, attention à toutes ces dépenses, on s'assurera facilement que je ne me suis nullement occupé de mon intérêt personnel, si ce n'est de celui que je trouverois à bien remplir une aussi belle & aussi importante mission.

H iij

J'ai cru, & j'en ai honte, mais enfin dans ce siècle où l'on est accoutumé à ne voir calculer que de l'or, j'ai cru me devoir ces humilians détails, pour ne pas être soupçonné de vouloir faire une spéculation de finance, idée dont je suis infiniment éloigné.

OBSERVATIONS,

Mémoires & Plan d'un nouveau régime pour l'Adminiſtration des Ponts & Chauſſées (1).

Iᵉʳ. MÉMOIRE.

DIRIGÉ depuis ma plus tendre jeuneſſe vers l'étude de la Nature par un attrait infiniment puiſſant, la Géographie phyſique, dont l'Hydrographie eſt une des plus importantes parties, fixa particulièrement mes regards.

J'ai conſidéré cette Science non-ſeulement comme très-ſatisfaiſante pour l'eſprit par tous les rapports qui la lient avec le ſyſtème général des connoiſſances phyſiques, mais encore comme de la plus grande importance par les avantages inappréciables qu'elle peut procurer à la France, ſoit en augmentant les productions de notre ſol par l'art des deſſechemens & par celui des arroſemens, arts infini-

---

(1) Ce Mémoire eſt connu de quelques Miniſtres depuis plus de trois ans ; il y en a deux qu'il a été remis à M. le Contrôleur-Général.

H iv

ment utiles l'un & l'autre, & dont l'heureuſe réunion offre les plus ſûrs moyens de mettre en valeur tous les terreins qui en ſont ſuſcep-tibles ; ſoit en perfectionnant, en étendant les navigations naturelles dont la plupart ſont dans le plus mauvais état, ſoit enfin en éta-bliſſant des navigations artificielles : moyens précieux & preſque les ſeuls qui puiſſent donner une valeur réelle & conſtante aux pro-ductions des différentes Provinces du Royaume, & dans l'un & l'autre cas aux moindres frais poſſibles.

J'ai préſenté, il y a déjà long-tems, au Miniſtère un projet qui réuniſſoit ces avanta-ges pour pluſieurs Provinces. Les circonſtan-ces qui ont empêché l'exécution de ce projet ne tiennent à aucun vice qui fût en lui, la facilité de ſon exécution, la certitude de ſon ſuccès n'ont pas été moins démontrées que la multitude des effets inappréciables qui de-voient en réſulter.

Des conſidérations d'un ordre prédominant, des diſpoſitions infiniment reſpectables n'ont pas permis que mon projet fût exécuté dans la forme où je le propoſois, & qui ſans doute eût été la plus avantageuse à l'Etat & aux Provinces que ce Canal faisoit participer à la navigation générale. J'ai eu à ces différens égards, la satisfaction de réunir tous les suffrages, soit des Provinces, soit des Gens de l'Art, soit du Ministère, & j'en conserve précieusement les témoignages.

Je ne présenterai point ici tous les heureux effets qui devoient résulter de cet établissement : je me borne à faire les vœux les plus sincères & les plus ardens, pour que l'Administration provinciale du Berry, qui paroît avoir pris ce projet en considération particulière, puisse par des moyens différens de ceux que j'avois proposés, & que les dispositions dont j'ai parlé ont rendu impossibles, parvenir à faire bientôt jouir le Berry, le Bourbonnois, le Nivernois des avantages que cet établissement doit leur procurer.

Il étoit impossible que mes études, mes recherches, & sur-tout mes travaux pour le Canal de Berry, que l'examen réfléchi que j'ai fait de toutes les navigations naturelles qui existent en France, & de tous les projets de navigation artificielle qui sont venus à ma connoiſſance (1) ; il étoit impoſſible, dis-je, que toutes ces conſidérations ne fixaſſent pas mes regards ſur l'adminiſtration qui préſide aux navigations.

La première obſervation qui s'eſt préſentée à mon eſprit, eſt née de l'ordre des perſonnes à qui cette miſſion a été confiée ; ce ſont des Magiſtrats dont les études & les travaux ont toujours eu pour objet des matières abſolument étrangères à celles qu'il me paroît indiſpenſable de parfaitement connoître pour diriger cette importante partie. On n'a jamais ſuppoſé qu'il fût néceſſaire qu'ils euſſent aucune connoiſſance, même ſuperficielle, des travaux dont on les rend Ordonnateurs.

La miſſion qu'ils ont à remplir renferme deux parties, celle de l'art & celle du contentieux : quant à cette ſeconde, on a droit ſans doute d'attendre d'eux tout ce qu'elle exige ; mais l'autre ne doit-elle être comptée pour rien ? Ils ont, dit-on, ſous eux des Gens de l'Art, dont les

____

(1) J'ai dreſſé une Carte Hydrographique de la France, où toutes ces navigations, tant naturelles qu'artificielles, ſont tracées.

talens, la probité font reconnus, & auxquels ils font très - autorifés à donner toute leur confiance.

Je fuis bien éloigné de fufpecter d'incapacité, ou d'aucun défaut de délicateffe, ceux que j'ai connus dans cet état : je dois penfer de même de ceux que je ne connois pas. Mais feroit-il impoffible de fuppofer qu'il pût s'en trouver qui ne fuffent pas à l'un ou à l'autre de ces égards également irréprochables ? Enfin eft - il avantageux, eft - il convenable qu'un Ordonnateur ne foit point en état de juger par lui-même de l'avantage qui doit réfulter du projet dont fon opininion décide l'exécution, qu'il ne foit pas en état de joindre fes propres lumières à celles de ceux qui le déterminent dans le choix des différens projets entre lefquels il doit prononcer, & qui lui font accorder la préférence à telle entreprife fur telle autre ? Eft-il convenable qu'un Ordonnateur n'ait pas des connoiffances de l'Art affez étendues pour vérifier par lui-même le plus ou le moins d'utilité, le plus ou le moins de perfection des travaux qu'il ordonne ? Convient-il que ce foit toujours des Sous-Ordres qui lui disent : *Voici, Monsieur, un projet qu'il faut adopter, voici la manière dont il doit être exécuté, il en résultera tel & tel avantage, & coûtera tant...... signez ; & qu'ensuite ce soit* encore les mêmes Sous-Ordres qui lui disent: *Le projet est bien exécuté, les travaux ont été faits avec toute l'exactitude, avec tous les soins possibles...... signez encore.*

Ne seroit-il pas infiniment préférable que cet Ordonnateur fût en état de discuter le mérite de différens projets (1), de balancer les motifs de préférence entre eux (2), de

---

(1) Ceci exige la plus parfaite connoissance de la Topographie ; connoissance que l'on ne peut acquérir que par des voyages faits dans cette vue, avec une grande instruction précédemment acquise & vérifiée dans toutes les occasions où il s'agit de prendre un parti intéressant.

(2) Il est très-possible qu'en ordonnant l'exécution d'un Canal médiocrement utile, on nuise à celle d'un autre Canal infiniment préférable. Les Propriétaires de celui qui existe s'opposent ensuite à la construction du nouveau, les fonds employés deviennent une considération, &c. &c. Je pourrois citer des exemples de ce que je dis ici dans des projets présen-

raisonner sur les moyens d'exécution, de juger les devis, de connoître les rapports des prix avec la solidité des travaux, avec les facilités

tés, & entre lesquels le choix est difficile & très-important.

On propose aujourd'hui un Canal le long de la Loire ; on en proposera sans doute bientôt autant pour la Seine. Ces deux projets, en faveur desquels se présentent beaucoup de raisons, exigent les plus mûres délibérations. Nous proposons un Canal qui traverse la France du Nord au Midi, de Calais au Canal de Languedoc près de Marseille. J'ai indiqué ce Canal & sa route. Je demande si la construction de ces trois Canaux ne doit pas être comparée à beaucoup d'autres, qui paroîtroient y suppléer en partie, si cette réflexion ne doit pas influer sur l'adoption que l'on feroit de tel ou de tel de ces projets ?

Je l'ai déjà dit, & je le répète affirmativement, ce ne sera que lorsque l'on aura déterminé le véritable système général des navigations de l'intérieur, que lorsque l'on en aura dressé une Carte d'après les nivellemens de toutes les passes possibles, qu'après que l'on aura mûrement réfléchi sur tous les motifs politico-économiques & physiques, ce ne sera qu'alors qu'on aura une marche sûre, que l'on ne fera point un pas inutile. Ce travail, c'est celui dont j'offrois de me charger, que je promettois d'exécuter en six ans, &

ou les difficultés locales, avec la cherté ou le bas prix des matériaux & de la main-d'œuvre dans les différens Pays ? Ne feroit-il pas utile

---

ce que je ne promettois qu'avec la plus parfaite certitude de l'exécuter.

On m'a répondu que *ce devoit être l'ouvrage de l'Adminiftration des Ponts & Chauffées.*

Je fuis très-éloigné de douter que cette Adminif-tration, dont le Chef réunit fans doute à l'amour du bien public de grands moyens pour l'opérer, & dont la réputation eft fi bien établie, ne puiffe employer des hommes très-capables de ces opérations ; il né me conviendroit point d'élever le plus léger doute fur le fuccès. Si ce font mes vues que l'on fuit, j'aurai du moins le mérite de les avoir indiquées, la fatisfaction d'avoir propofé cette opération importante dans mon Profpectus donné en 1779. Si ce ne font pas mes vues que l'on fuit, le public éclairé jugera fi on aura mieux ou moins bien fait.

J'avois offert de commencer mes travaux en 1784, ils euffent été fini en 1790 ; nous verrons quand ils le feront. Je n'imputerai la lenteur, s'il y en a, qu'à la marche des corps, toujours moins rapide que celle des particuliers. Je n'inculperai jamais perfonne, & mon refpect pour des opérations faites en vertu d'or-dres miniftérieles, ne me permettroit que des obfer-vations purement phyfiques & méchaniques, s'il y avoit lieu d'en faire. Je n'aurai de ma vie à me repro-

que, s'il n'avoit pas le tems d'entrer dans tous ces détails, ce qui feroit déjà un vice, parce qu'un homme doit toujours avoir le tems de donner à chaque partie de son adminiſtration toute l'attention qu'elle mérite, & que le trop charger eſt la plus mal-entendue de toutes les économies ; ne feroit-il pas utile, dis-je, que ceux qu'il charge de ſes ordres le ſçuſſent au moins en état de juger de leur exécution ? Je penſe donc que ce feroit un très-grand avantage que l'homme en chef dans cette adminiſtration, que l'Ordonnateur fût inſtruit de l'art aux opérations duquel il préſide. Je ſais tout ce qu'on allégue pour en prouver l'inutilité ; mais tous ces ſophiſmes ſpécieux feroient également applicables à l'autre incapacité que je

cher d'avoir offenſé perſonne. Je déclare même que, ſi cet écrit eſt attaqué, & ſur-tout s'il l'eſt de manière à me forcer d'entrer dans de certains détails, je refuſerai d'y répondre, je laiſſerai aux Gens inſtruits & impartiaux le ſoin de ma défenſe. Je ne répondrai qu'à des obſervations qui tiendroient uniquement à la Topographie, ou à l'Art Hydraulique, & ſans aucun rapport avec les vues miniſtérielles, ou avec les perſonnes chargées de leur exécution.

vais pour un inftant fuppofer. Je deman-
derai enfuite qui oferoit dire encore que cette
incapacité dût être regardée comme fans conféquence, qu'elle ne fût pas un vice dans
l'adminiftration.

Je fuppoferai donc que cet Ordonnateur
des opérations d'un Art infiniment important,
dont il ignoreroit les principes & les loix,
dont il ne pourroit difcerner les preftiges,
découvrir les abus; què ce Magiftrat en même
tems chargé du contentieux, ignorât auffi
les loix, qu'il manquât des lumières néceffaires pour les adapter aux efpèces qui fe préfentent, qu'il ne connût ni les ufages, ni la
jurifprudence; croiroit-on fuppléer à tous ces
défauts en lui donnant un bon premier Commis, & un Secrétaire bien inftruit? Je le
répète, perfonne ne m'eft fufpect qu'après
que fes torts l'ont dénoncé: mais j'ôfe mettre
en affertion, fans craindre d'offenfer aucun
des Sous-Ordres dans aucun genre, que perfonne n'eft auffi intéreffé au fuccès que celui
au nom duquel fe fait l'entreprife, que celui
qui doit en recueillir ou le blâme ou la gloire;
ce n'eft qu'en avouant fon incapacité ou fa

négligence

negligence que le supérieur peut rejetter sur
ses inférieurs les fautes par eux commises; mais
ceux ci peuvent souvent tout faire remonter
jusqu'à celui qui dirige tout, il a ou mal vu,
ou mal ordonné, ou mal choisi, mal assorti
les coopérateurs; enfin ce n'est sur aucun
particulier que tombent le plus généralement
les reproches des fautes que commet un corps,
on les impute à son chef; & n'est-ce pas en
effet toujours au chef que doivent être imputés les torts du corps qu'il commande? Nul
n'est donc plus intéressé que lui au succès
de toutes les opérations qu'il ordonne; il est
donc infiniment important de le choisir tel,
qu'il soit en état de les bien diriger. Il faut
pouvoir lui imputer les fautes qui se font sous
son administration, c'est le moyen le plus sûr
pour qu'il s'y en fasse le moins possible.

Or, on n'a jamais eu égard à cette importante considération; ceux qui ont été chargés
de cette partie ont toujours été des Magistrats
dont on a pu, dont on a même dû estimer les
lumières dans l'ordre des connoissances qui
appartiennent à la Magistrature, dont on a
respecté les vertus civiles & morales, mais

defquels on n'a jamais été autorifé à attendre les connoiffances qu'exige l'état qu'on leur confie. Telle eft ma première obfervation fur les défauts d'organifation que j'ai cru remarquer dans cette adminiftration.

La feconde obfervation n'eft pas moins intéreffante, & naît immédiatement & néceffairement de la première ; celui que l'on charge de cette partie intéreffante ne confidère aujourd'hui cette miffion que comme paffagère ; la marque d'eftime & de confiance qu'on lui donne en le choififfant, le défigne déjà pour un autre état ; comment eft-il poffible qu'il donne tous fes foins à celui qu'il n'a que pour un inftant ? Comment peut-il en démêler les vices & les abus, s'il y en a ? Comment peut-il parvenir à connoître les moyens d'amélioration ou de perfectibilité, dont peut être fufceptible une partie qui ne lui eft confiée que pour un tems limité ? Quels plans de réforme, quels projets d'économie, quels changemens de forme peut-il méditer ?

D'une part, il ne connoît pas l'art, & cependant c'eft dans la connoiffance de l'art que doivent être puifés, comme je le prou-

verai tout-à l'heure, les moyens de perfectionner l'adminiſtration ; c'eſt de cette connoiſſance ſeule que peut ſortir l'idée d'un nouveau plan, auſſi avantageux pour la perfection
des travaux, que pour l'économie des dépenſes.

De l'autre part, il ne peut ſe promettre,
il ne peut même deſirer d'avoir le tems de
méditer, & bien moins encore celui d'exécuter
ſes projets. Un tel homme, quelles que fuſſent
ſes lumières, quel que fût ſon zèle, ne peut
donc rien tenter de grand, il ne peut s'occuper d'aucun changement important. Quel cas
ſon ſucceſſeur fera-t-il de ſes idées, comment
ſuivra-t-il ſon plan ? Il doit craindre de n'avoir
que le tems de jetter le trouble dans ſon adminiſtration, de faire des victimes, & de n'avoir
pas celui de voir ſes ſuccès le dédommager des
ſacrifices qu'il auroit été forcé de faire.

Je ne crains point de le dire, cette adminiſtration exige que celui qu'on en charge s'y
livre tout entier ; mais pour cela il faut qu'il
puiſſe en eſpérer la gloire & l'honneur de ſa
vie ; il faut qu'il puiſſe ſe dire : ſi mes travaux
ſont heureux, je jouïrai long-tems du plaiſir
de préſider à une adminiſtration que j'aurai

I ij

eu la peine de former, car je ne prévois point les hafards des déplacemens dans cet état ; il n'eſt pas aſſez élevé pour être expoſé à la foudre que dirigent des vents dont les cauſes & les routes ſont connues. Ce n'eſt point ſur la tête des Adminiſtrateurs inférieurs que ſont ſuſpendues & que ſe balancent les tempêtes. Tout Direc-teur des Ponts & Chauſſées qui fera très-bien ſon métier, & qui ne fera que cela, mourra Directeur des Ponts & Chauſſées, s'il le déſire, & ſon ambition ſera bien aveugle ſi jamais il deſire autre choſe. Il n'y a de grand & de bel état pour chaque homme que celui qu'il peut très-bien remplir.

Je dis donc qu'il ne faut point que l'état de Directeur des Ponts & Chauſſées ſoit un état paſſager, que ce ſoit un dégré pour monter plus haut ; je penſe qu'il faut que celui à qui on l'accorde, ne s'occupe plus que de l'honneur qu'il peut acquérir dans une adminiſtration, où il y a tant de belles & de grandes choſes à faire.

Voilà les deux vices les plus eſſentiels, & les germes de tous ceux qui pourroient exiſter dans l'adminiſtration dont je parle.

Mais celui qui ſe propoſe de ſe livrer aux

délicates & importantes considérations qui guident le génie de cet art, celui qui voudra
surveiller tous les abus, tout voir par lui-
même, soit avant d'ordonner, soit pendant
l'exécution, soit lors de la réception des ouvrages, celui-là peut-il en même tems être chargé
de la partie contentieuse? Je ne le crois pas;
les talens, les lumières qu'exigent ces deux
parties n'ont nul rapport l'une à l'autre, elles sem-
blent même s'exclure mutuellement, au moins
doivent-elles se trouver bien rarement réunies.

Je crois donc qu'il seroit très-prudent,
même nécessaire de laisser un Magistrat pour
remplir cet objet, qui est véritablement de
son ressort, & ce Magistrat pourroit être rem-
placé par un autre toutes les fois que l'on
croiroit ses lumières plus nécessaires ailleurs.
L'homme de l'art seul est plus difficile à remplacer, & il seroit important qu'il ne le fût
pas lorsque l'expérience déposeroit de sa capa-
cité; ce seroit cet homme instruit dans l'art,
qui, sur toutes les parties des projets, sur les
grandes vues de la politique intérieure & de
l'économie générale du Royaume, relativement à l'Agriculture & au Commerce, tra-

vailleroit avec le Miniſtre des Finances ; ce ſeroit lui qui répondroit de toutes les opéra-tions qui tiendroient à ſa partie.

On ne doit pas ſe permettre de ſuppoſer que dans l'eſpèce de ceux qui ſeront nommés à ces places, la ſurveillance mutuelle puiſſe jamais être utile ; cependant s'il eſt prudent de tout prévoir, le Miniſtre auroit un moyen de plus d'être inſtruit des détails qu'il ſeroit ſi facile aujourd'hui d'empêcher d'arriver juſqu'à lui. Les deux Collègues doivent être ſuppoſés aſſez eſtimables pour s'éclairer mutuellement, & aſſez juſtes pour trouver bon que, lorſqu'ils ne ſeroient pas du même avis, chacun d'eux rendît compte au Miniſtère de ſon opinion & en déduiſit les motifs.

Voilà quel ſeroit le ſyſtême ſur lequel je crois qu'il conviendroit d'organiſer cette admi-niſtration. Je vais préſenter le plan que, d'a-près mes idées, devroit ſe propoſer l'homme qui ſeroit chargé de la partie de l'art.

Jettons d'abord un coup-d'œil ſur l'état actuel des Ponts & Chauſſées, nous verrons enſuite quel il devroit être ; il réſultera de la comparaiſon de ces deux états, la preuve très-directe de ce que je difois tout à l'heure : les changemens les plus defirables ne peuvent être opérés que par un homme de l'art.

Je vais prendre pour bâfe de mes obferva- tions, l'état de dépenfe des Ponts & Chauffées pour 1771. Cet état eft le dernier de ceux véritablement dignes de foi que j'ai pu m e procurer ; il a été arrêté au Confeil le 29 Novembre 1774, & n'a pas, à ce que je crois, été encore préfenté à la Chambre des Comptes : ce qui eft peut-être un grand abus (1).

La dépenfe de cette année monte à cinq millions, trois cent foixante-un mille, deux cent cinquante livres, dix fols, trois deniers. Je n'aurai égard, en confidérant cet état, qu'à la partie des dépenfes qui eft employée en appointemens, au nombre des Officiers & à leur répartition dans les Provinces.

Je démontrerai enfuite, 1°. que dans mon

____

(1) Je fais qu'il eft arrivé depuis 1771, bien des variations dans cette adminiftration ; mais je ne fuis pas affez parfaitement inftruit pour en parler. Je ne con- nois bien que ce que je lis dans une loi écrite. Cette obfervation répond à toutes celles que l'on pourroit me faire, d'après les changemens arrivés depuis 1771 ; qu'on me les faffe connoître, je me rectifierai.

plan le service feroit moins cher, plus facile, plus utile, qu'il y auroit plus d'enſemble dans les opérations ; 2°. que l'état de tous les Officiers feroit beaucoup meilleur qu'il ne l'eſt aujourd'hui, que plus de gens le defireroient, & que l'émulation feroit beaucoup plus excitée.

Tableau des frais d'Adminiſtration dans l'état actuel.

1°. Appointemens du ſieur Intendant des Finances, ayant le détail des Ponts & Chauſſées,   liv.   fols den.

22,600

2°. Appointemens & frais de voyages, tant des Architectes, prem. Ingénieur, Inſpecteurs Généraux, Directeur du Bureau des Géographes & Deſſinateurs des Plans, que des Ingénieurs & Inſpecteurs des Ponts & Chauſſées, ci   181,550

204,150

liv.   fols den.

3°. Penfions & grati-
fications accordées pour
fervices actuels, frais ex-
traordinaires & récom-
penfes d'anciens fervic.,

4°. Gages & augmen-
tations de gages, taxa-
tions fixes, & droit
d'exercice des Tréfo-
riers & Contrôleurs-
Généraux des Ponts &
Chauffées, ci . . . . .

5°. Taxations & ap-
pointemens, attribués
fur les fonds des Ponts &
Chauffées, aux Préfi-
dens, Tréforiers de
France, au Bureau des
Finances de la Généra-
lité de Paris, & dont
le fonds eft fait au pré-
fent état par ordre du
Roi, ci . . . .

	liv.	fols	den.
3°. Penfions & gratifications...	204,150		
récompenfes d'anciens fervic.	27,856	13	4
4°. Gages & augmentations... ci	192,540		
5°. Taxations & appointemens... ci	9,745	10	
	434,292	3	4

	liv.	ſols	den.
	434,292	3	4

6°. Bourſes & jettons d'argent, épices, façons & reliage du compte du préſent exercice, ci . .   7,482   11   3

7°. Intérêts de non-jouiſſance dûs au ſieur Chevalier de Claeſſen, comme ayant droit de feu ſieur de Billancourt, ci   356   11   4

8°. Appointemens des Sous-Ingénieurs, Elèves, &c. dans les Généralités & Provinces, ci   180,541   6   8

9°. Gratifications accordées aux ci-deſſus dans les Provinces, ci .   78,750

10°. Salaires des Conducteurs, Piqueurs des Travaux, &c. . .   401,703   10 $6\frac{11}{13}$

11°. Frais de voyages des Sous-Ingénieurs, &c.

	1,103,126	3	1 $\frac{11}{12}$

	liv.	fols	den.
1,103,126	3	1	$\frac{31}{23}$

de la Généralité de Paris, ci 45,647 10

12°. Frais de levées de Plans de la Généralité de Paris, ci . . . 40,496 9 3

13°. Gages des Gardes des Eclufes dans la Généralité de Grenoble, ci 900

	liv.	fols	den.
1,190,170	2	4	$\frac{31}{23}$

La récapitulation des dépenfes des Ponts & Chauffées en frais d'adminiftration, falaires, &c. monte donc à ci . 1,190,170 2 4 $\frac{31}{23}$

En fouftrayant de cette fomme les articles 4, 5 & 6, qui font des Charges fur lefquelles je n'ai rien à dire quant à préfent, & que j'ai feulement voulu rap-

	liv.	fols	den.
	1,190,170	2	4 $\frac{31}{23}$

porter pour mémoire ;

ces articles montent à .   209,768   1   3

Il reste des depenses sur lesquelles porteront mes opérations la somme de , ci   980,402   1   1 $\frac{31}{23}$

Tableau des frais d'administration dans le Plan proposé.

1°. Un Ingénieur en chef, outre la pension dont il sera parlé plus bas à l'article des pensions, ci 8,000 (1)

2°. Quatre Ingénieurs en chef, résidens à Paris, pour former le Bureau, & ayant chacun 8,000 liv. d'appointemens, ci 32,000 (2)

      40,000 .

(1) Le premier Ingérieur ne jouït que de 7,064 liv.

(2) Le quatre Ingénieurs n'oit que 5,604 liv. dans l'état actuel.

liv.

40,000

3°. Cinq Inspecteurs-Généraux, dont l'état & l'emploi seront expliqués ci après, & à chacun desquels il sera accordé 9,600 liv. de traitement, ci . 48,000

4°. Cinq Ingénieurs pour les cinq bassins, à 5,000 d'appointemens, ci 25,000 (1)

5°. Trente-six Ingénieurs, à 3,000 liv. ci 108,000 (2)

221,000

(1) Ces Officiers n'ont aujourd'hui, sous le nom d'Ingénieurs-Commis, que 2,202 liv.

(2) Ces Officiers n'ont aujourd'hui, sous le nom d'Inspecteurs-Commis, que 1,800 liv. Le nombre de 36 Ingénieurs pourroit & devroit paroître trop considérable, si l'on ne pensoit qu'à la division hydrographique des bassins; mais il faut considérer en outre les chemins de levées, & il y a dans quelques bassins de grandes parties qui exigent une surveillance particulière, & après une longe & mûre considération, il m'a paru que le nombre de ces 36 Ingénieurs étoit nécessaire. Je ferai une Carte de leurs départemens respectifs.

liv.
221,000

6°. Trente-six Sous-Ingénieurs, à 1,500 liv. ci . . 54,000

7°. Trente-six Eleves, à 800 liv., ci 28,800

8°. Trente-six Arpenteurs, à 600 liv., ci 21,600

9°. Somme fixe deſtinée aux gratifications, & qui ſera répartie ſelon le mérite & les travaux, & en raiſon des appointemens, ci 60,000 (1)

10°. Somme fixe en penſions, idem, ci 60,000 (1)

445,400

---

(1) Les penſions & gratifications ne montent, ſuivant l'état cité, qu'à 106,606 liv. 13 ſols 4 den., dans leſquelles eſt compriſe la penſion de 5,000 liv. accordée au premier Architecte. Cet article ſera dans la nouvelle adminiſtration de 126,000 liv., ce ſera donc 19,393 liv. 6 ſols 8 den. de plus, & cette ſomme ſera répartie entre un moindre nombre d'Officiers. Enfin il y entre 60,000 liv. de gratifications à accorder tous les ans, ce qui fait près du cinquième

liv.
445,400

11°. Pension fixe attachée
à l'état du premier Ingénieur,   6,000 (1)

451,400

On peut donc s'assurer par la comparaison des appointemens, des pensions & des gratifications que je propose, avec les appointemens, les pensions & les gratifications de l'état actuel, qu'à tous ces égards le sort de tous les Officiers employés sera fort amélioré, ce que je crois nécessaire pour leur faire aimer leur état & exciter leur émulation, & cependant l'économie sur ces articles est de 529,002 liv. 1 ſ. 1 den.

Cette économie mériteroit seule sans doute que l'on s'occupât de la réforme de cette administration ; je ne la présente cependant que comme une considération de plus.

des appointemens ; je ne crois rien de plus propre à exciter l'émulation.

(1) La pension n'est que de 5,000 liv.

Mais l'avantage inappréciable qui réfulteroit de la nouvelle organifation, de la nouvelle diftribution des départemens, me paroît digne de toute l'attention d'un Miniftre éclairé qui veut le bien. Cette partie ne peut-être regardée que comme très-intéreffante.

Plan de la nouvelle adminiftration.

1°. Un Intendant - Général des Ponts & Chauffées, Ports maritimes du Commerce, Navigation de l'intérieur, turcies & levées, barrages & pavé de Paris.

2°. Un Directeur - Général des mêmes objets.

3°. Un Ingénieur en chef, réfidant à Paris.

4°. Quatre Ingénieurs-Généraux réfidant à Paris, & formant avec l'Ingénieur en chef un Bureau général.

5°. Cinq Infpecteurs-Généraux, qui feront tenus de faire chacun tous les ans un voyage dans le baffin qui leur fera indiqué, & qui parcourront fucceffivement ainfi les cinq grands baffins, ce qui leur donnera toutes les connoiffances néceffaires pour parvenir au grade

d'Ingénieurs

d'Ingénieurs en chef, parce que tout le Royaume leur fera parfaitement connu.

Le voyage de chacun de ces Infpecteurs fera de 6 mois; ils auront 6,000 liv. d'appointemens, & il leur fera en outre accordé 600 liv. par mois pour leurs voyages, ce qui formera la fomme de 3,600 liv., total 9,600 liv., & pour les cinq 48,000 liv.

6°. Cinq Ingénieurs des cinq grands baffins du Royaume; favoir, la Seine, la Loire, la Garonne, le Rhône & le Rhin; & entre ces Ingénieurs feront répartis les petits baffins limitrophes, tels que ceux de la Somme, de la Charente, de la Vilaine, de l'Adour, de la Meufe, de l'Efcaut, de l'Aa, &c.

7°. Trente-fix Ingénieurs réfidans dans les Provinces, & qui feront diftribués dans les cinq baffins ci-deffus, & dans les petits baffins limitrophes.

8°. Trente-fix Sous-Ingénieurs, dont un fera attaché au diftrict de chacun des Sous-Ingénieurs.

9°. Trente-fix Eleves, dont chacun fera également attaché à chacun des Sous-Ingénieurs.

K

10°. Trente-six Arpenteurs, dont chacun sera également attaché à chacun des Sous-Ingénieurs.

L'Ingénieur en chef d'un baſſin aura donc ſous lui le nombre de Sous-Ingénieurs qui sera jugé convenable pour l'étendue de ſon baſſin ; chacun de ces Sous-Ingénieurs aura ſous lui un Inſpecteur, un Elève & un Arpenteur ; il n'y aura aucun de ces diſtricts, dont ces cinq Officiers, ſavoir, l'Ingénieur du diſtrict général ou du baſſin, le Sous Ingénieur du diſtrict particulier, l'Inſpecteur, l'Elève & l'Arpenteur, ne puiſſent très-aiſément faire toutes les opérations.

Chacun des Ingénieurs des diſtricts particuliers recevra directement les ordres de l'Ingénieur en chef du baſſin.

Il commencera par lever une Carte très-exacte de ſon diſtrict, ſur un point quadruple de celui de la Carte de l'Académie, qui facilitera infiniment ce travail. On placera ſur cette Carte les eaux de toutes eſpèces, juſqu'aux fontaines les moins importantes, avec la jauge des eaux qu'elles peuvent fournir ; on y tracera auſſi toutes les routes ou les chemins, même les chemins ruraux ; il n'y aura donc que ces détails à vérifier. En se servant de la Carte de l'Académie, on n'aura égard à aucun détail topographique autre que celui des pentes, ainsi qu'il va être dit. On ne placera donc sur la Carte aucun Village, mais bien les Forêts un peu considérables & les Villes (1).

Sur chacune de ces Cartes, les grandes routes & les Rivières seront nivelées dans tout leur cours, & le niveau rapporté à celui de la Mer. On indiquera aussi les principaux points culminans du district ; on fournira à cet égard des instructions & des méthodes nécessaires & uniformes à chaque Sous-Ingénieur, & il joindra à sa Carte un mémoire très-détaillé de la position exacte de tous les matériaux de construction qui se trouveront dans ce district, & à la plus grande proximité des routes & des Rivières.

Il sera fait aux dépens du Bureau sept copies de chacune de ces Cartes & du mémoire

(1) Il sera accordé à chaque Ingénieur du district, une gratification pour ce travail, qui sera fait dans la première année de son exercice, si cela est possible.

K ij

qui y fera joint. Une de ces copies fera préfentée au Roi, & fignée du Directeur-Général des Ingénieurs du Bureau, & de l'Ingénieur en chef du baffin ; une autre fignée de même fera dépofée à la Bibliothèque de Sa Majefté. Les cinq autres copies, ainfi fignées, feront dépofées, l'une au Bureau de M. le Contrôleur-Général, une au Bureau des Ponts & chauffées, une chez le Directeur-Général, une au Bureau de l'Ingénieur en chef du baffin, & l'autre reftera au Bureau du diftrict.

L'Ingénieur en chef du baffin formera de toutes ces Cartes une Carte générale de fon baffin, dont il fera également fait fept copies, dépofées ainfi qu'il vient d'être dit.

L'Ingénieur en chef aura particulièrement attention de faire vérifier, & de vérifier enfuite lui-même, les lignes qui circonfcrivent fon baffin, & de marquer fur fa Carte par des chiffres les points les plus élevés, & les paffes qui le feront le moins.

Chaque baffin étant ainfi levé, il eft évident que l'on aura la Carte phyfique & hydrographique de la France, avec le nivellement des Rivières & des routes de terre & d'eau.

Chaque baffin eft, relativement à la navigation & à la difpofition des eaux, un pays à part. Les crêtes qui circonfcrivent ces baffins, forment les véritables divifions de la Nature; les divifions des Provinces, des Généralités, font auffi étrangères à l'objet des Ponts & Chauffées, que les Gouvernemens Militaires ou les Evêchés.

Chaque Ingénieur de baffin aura donc un enfemble d'opérations qui fera un fyftême véritablement lié dans toutes fes parties; il ne fera point obligé pour les opérations de fon département particulier, de fe concilier avec fes voifins, d'avoir des rapports avec des Ordonnateurs, ou des Adminiftrateurs différens, & plus ou moins éclairés, ou plus ou moins intéreffés aux opérations projettées. Dans le nouveau plan tout fera propofé par l'Ingénieur du baffin, tout fera décidé par le Bureau; il y aura donc véritablement de l'enfemble, de la liberté, de la facilité dans l'exécution de tout ce qui fera jugé utile.

Quelle que foit l'Intendance dans laquelle fe trouvera chaque partie de l'opération, que cette opération foit renfermée dans un baffin,

K iij

ou qu'elle s'étende aux baſſins limitrophes, on ſaura ce que chaque Ingénieur devra faire. Il recevra directement ſes ordres du Bureau, ou de M. le Contrôleur-Général, qui en préviendra l'Intendant, s'il le juge à propos.

Selon les circonſtances, les travaux ſeront exécutés ou par corvées, ou aux frais des Ponts & Chauſſées, ou par impoſition, ſelon que le décidera le Miniſtre des Finances.

Il ſera pareillement très-aiſé de ſe concerter avec les pays d'Etats, qui ſe prêteront toujours au perfectionnement des routes de terre & d'eau, lorſque l'on ſaura leur en bien démontrer les avantages.

Je crois en avoir dit aſſez pour donner une idée juſte de mon plan. Il ſeroit infiniment trop long d'en préſenter tous les détails, & tous les moyens d'exécution ; je crois avoir tout prévu, & ne pouvoir craindre d'être arrêté par aucune difficulté (1).

____

(1) Ceci ne m'eſt pas dicté par mon intérêt perſonnel, je n'en connois point d'autre que celui du bien public ; mais je le répète, il faut avoir très-préſent à l'eſprit l'enſemble d'une pareille opération, & je n'ai pas pu tout dire. D'ailleurs tout tient ici, comme dans toutes les opérations de ce genre, à la manière

Mes plans embraſſent 1°. la fertiliſation des Provinces, par les arroſemens, les deſſéche-mens; 2°. les facilités des débouchés par les rapports des routes de terre avec les routes d'eau, & par l'établiſſement d'un certain nom-bre de Ports dans l'intérieur du Royaume; 3°. l'amélioration de pluſieurs parties du Do-maine, amélioration qui ne peut être produite que par le commerce.

Il me reſteroit à préſenter mes idées ſur la manière de rendre l'adminiſtration des Ponts & Chauſſées plus utile à l'Etat, en la rendant moins onéreuſe au Tréſor Royal, peut-être même en la mettant à portée de ſe ſuffire à elle-même, ſans le ſecours des fonds qui lui ſont aſſignés; mais ne voulant rien haſarder, je ne me permettrai pas d'indiquer des moyens dont la véritable valeur peut paroître incer-taine. J'ôſe cependant eſpérer que je parvien-drois à un but ſi déſirable.

---

dont les projets ſont exécutés, au zèle, au courage que l'on y apporte; & les Auteurs ſeuls de ces projets ſont peut-être capables de ce zèle & de ce courage; enfin, je le répète, il y a 20 ans que je réflechis ſur cette importante matière.

K iv

Je m'étois propofé de joindre à ce Mémoire
fur les Ponts & Chauffées, un projet fur l'adminiftration, l'aménagement & la confervation
des forêts, tant de celles qui appartiennent au
Roi, que de celles qui appartiennent aux gens
de main-morte, & des particuliers, & par conféquent pour remplacer l'adminiftration actuelle
des eaux & forêts. Ce projet a les plus grands
rapports avec celui pour les Ponts & Chauffées, comme le doivent preffentir tous ceux
qui me liront avec attention, & qui ne font
pas abfolument étrangers à ces matières ; mais
j'ai cru néceffaire de méditer encore fur ce
projet.

OBSERVATIONS

TRÈS-SOMMAIRES

SUR LES CORVÉES (1).

LES impôts, les contributions, les charges
publiques enfin, ſont les uniques moyens des
ſociétés : elles ſont le ſeul garant de leur
durée, de leur proſpérité ; elles ſeules aſſû-
rent le plus grand bien de chaque particulier :
& ce bien, chacun l'acquiert aux moindres

---

(1) Je ne parle point ici du Mémoire ſur les Corvées rédigé par un homme d'Etat, dont les lumières
ſont parfaitement connues ; ce Mémoire n'exiſtoit pas
lorſque j'ai écrit ceci, & ſon adoption par le Miniſtère
doit me perſuader qu'il étoit impoſſible de rien faire
de mieux. Mais je n'ai pas cru devoir ſupprimer cet
article, parce qu'une longue expérience prouve que
les opérations qui dans certaines circonſtances ſont les
meilleures poſſibles, peuvent recevoir encore de
nouveaux dégrés de perfection dans d'autres circonſtances, & je crois en prévoir de plus favorables que
celles dans leſquelles nous nous trouvons depuis long-
tems. Il me ſemble au moins que tout ſe prépare pour
que cela ſoit ainſi.

frais poſſibles, lorſque ces charges ſont repar-
ties par la juſtice diſtributive de la loi qui les
impoſe.

C'eſt ſur ce fondement qu'eſt établi le
droit d'impoſer, c'eſt par les heureux effets
qui doivent en réſulter, & d'où doit naître
le plus grand bien de la ſociété, que cette
puiſſance eſt ſanctifiée, c'eſt cette noble fin
qui la rend auſſi chère que reſpectable.

Je vais, ſans m'étendre ſur des lieux communs, ſans préambule inutile, faire l'application directe de ces deux propoſitions à une
partie de l'adminiſtration dont le Miniſtère
s'occupe particulièrement aujourd'hui.

Je n'emploierai donc point les phrâſes ora-
toires & ſi rebattues pour prouver la néceſſité
de perfectionner les grands chemins qui exiſtent, & celle d'en faire de nouveaux.

Il y a trois manières de faire de grands
chemins, 1°. aux frais du Tréſor Royal & ſur
les fonds des impoſitions générales; 2°. par
des Corvées; 3°. par des impoſitions particulières, dont la deſtination ſera ſpécialement &
irrévocablement affectée à ces dépenſes, & dont
les fonds ne pourront être divertis.

Le premier de ces moyens ne seroit évidemment pour les Peuples qu'une seule & même chose avec le troisieme; il faudroit augmenter d'autant les impositions générales, & cette forme auroit un très-grand avantage de moins, ce seroit le défaut d'affectation de fonds particuliers & déterminés. On m'entend assez.

Le second, l'usage reçu des Corvées, tarifées ou non, a paru jusqu'à présent infiniment défectueux; il est, dit-on, la source de mille & mille abus, & je le crois.

Le troisième, celui d'impositions particulières, paroît avoir aussi présenté de très-grands inconvéniens; mais comme ces inconvéniens ne peuvent être comparés à ceux des Corvées en nature, il me semble que l'on ne peut se proposer d'autre objet que d'éviter ces inconvéniens, ou du moins de les diminuer le plus qu'il sera possible.

Je ne rapporterai rien de ce que l'on lit contre les Corvées dans les Mémoires de Boullanger, dans le beau préambule du fameux Edit de Février 1776, détruit ou du moins suspendu par celui d'Août de la même année, dans les magnifiques apologies de cet Edit de Février, dans les belles remontrances des Parlemens, &c. &c. Je ne dirois rien que ne fachent ceux qui se sont occupés de ces matières : je ferois donc un volume très-inutile.

On estime assez généralement à 17 ou 18 millions la charge des Corvées pour les contribuables, par le tems qu'elles leurs enlevent, ainsi qu'aux chevaux employés à ces travaux. M. Necker porte cette somme à 20 millions : tout cela est très-vague.

Ce qui est très-démontré, c'est que le poids de la charge sur les Corvéables, quel qu'il soit, n'est assurément pas balancé par un produit en travail qui soit d'égale valeur. Je ne crains pas de mettre en assertion très-positive que ce travail réel & effectif ne vaut pas le tiers du prix qu'il coûte aux Corvéables.

Voilà certainement un objet important d'économie, & celle-ci feroit au profit de tout le monde, puisqu'elle feroit au profit de la culture. Il ne s'agit que de trouver les moyens de l'opérer.

Je n'en connois qu'un qui puisse jetter beaucoup de lumières sur plusieurs énigmes inexplicables jufqu'à préfent, & donner une mefure à-peu-près jufte des befoins, leur proportionner les contributions & en faciliter une jufte répartition.

Il faudroit que l'adminiftration des Ponts & Chauffées donnât; 1°. un état exact du nombre des journées des Corvéables ordonnées à fon profit depuis dix ans, dans les différentes Généralités, ce qui doit fe trouver auffi dans les Bureaux des Intendans, en diftinguant les journées de bras & celles de voitures par nombre de chevaux; 2°. un état des fommes perçues pour le rachapt, dans les pays où il a lieu légalement; 3°. un état des chemins faits par Corvées tarifées dans les pays où elles font établies : alors, en faifant une année commune de ces dix, & en ayant égard à ces différentes données, on auroit une bâfe fur laquelle on pourroit affeoir une opération de calcul.

J'obferverai même que toutes les journées de corvées ordonnées n'ayant pas été réellement employées, tandis que les autres l'étoient mal, l'opération que je propofe, & qui ferviroit de mefure à la quotité d'argent qu'il

faudroit fe procurer pour remplacer les Corvées, feroit au profit de l'adminiftration des
Ponts & Chauffées ; elles feroient autant de
non-valeurs rétablies, fans qu'il en coûtât plus
au Peuple, comme on le verra.

En comptant pour 20 millions les Corvées
ou impofitions qui en tiennent lieu, & en y
ajoutant les 8 millions au moins (1) qui fortent du
Tréfor Royal pour cette partie, l'adminiftration des Ponts & Chauffées coûte à l'Etat 28
millions.

D'après un plan très-réfléchi, très-médité,
qui repofe fur des bâfes folides, j'eftime,
qu'afin que cette adminiftration pût faire très-
bien ce qu'elle fait actuellement, tant bien
que mal, (fans toutefois que je le lui reproche ; mais par l'impoffibilité d'obtenir des
Corvéables un bon travail), & pour faire en
outre tout ce qu'il feroit utile qu'elle fît, &
ce qu'elle ne peut aujourd'hui, il lui faut 20
millions d'argent. Mais aujourd'hui 20 millions en frais de Corvées ne compenfent pas

____

(1) Voyez l'Ouvrage de M. Necker fur les Finances.

8 millions bien employés en journées payées : voilà donc 12 millions que l'on peut faire gagner aux Campagnes ; & ceux-là font bien au profit du Roi, puifqu'ils le font au profit des cultures & des travaux productifs des revenus.

Je propofe donc de remplacer les 20 millions de Corvées par 12 millions d'impofitions, ainfi que je vais le dire, & en y ajoutant les 8 millions fournis aujourd'hui par le Tréfor Royal, & qui continueront de l'être, cette adminiftration auroit 20 millions difponibles & feroit pour 20 millions de bon ouvrage.

Aujourd'hui les 8 millions qu'elle reçoit étant fuppofés bien employés, produifent 8 millions de bon travail, les autres 20 millions en produifent au plus 8, total 16 millions de bon travail pour le produit de 28, & les Campagnes en perdent 8 ; puifque dans mon plan elles n'en fourniroient que 12, au lieu de 20 qu'il leur en coûte aujourd'hui.

Mais pour déterminer, pour répartir les 12 millions que je propofe de fubftituer aux Corvées, je reviens à ce que je demandois tout à l'heure, *les trois états ci deſſus.* Alors on arrêteroit définitivement & pour toujours un état fixe des Corvées ; un Edit ordonneroit qu'elles seroient payées par les contribuables à raison de 8 sols, comme dans plusieurs Provinces les journées que les Seigneurs ont le droit d'exiger sont fixées en argent. Alors la charge ne sera point dénaturée, elle sera toujours représentée, elle ne pourra être rétablie en nature & perçue encore en argent, ce qui répond à cent & cent difficultés, & ce que je compte pour beaucoup. Cet état sera fixe, invariable, & sera connu de tous les Ordonnateurs, de toutes les Paroisses contribuables; personne n'en sera exempt, ni le Clergé, ni la Noblesse ; ce qui diminuera beaucoup encore la contribution du Peuple, qui alors deviendra très-légère. Le produit en sera versé par les Collecteurs dans la Caisse des Receveurs des Tailles, qui le verseront dans la Caisse de celui qui, dans chaque Province, sera commis par le Trésorier-Général des Ponts & Chaussées pour cette perception.

Voudra-t-on demander ces états ? Je dois l'espérer. Les obtiendra-t-on ? Je dois le croire.

Je ne crains pas de supposer que dans le plan que je propose 8 journées de Corvéables

de

de ses bras seroient très-bien remplacées par
une contribution de 3 liv. En substituant l'im-
position de 8 sols à chaque journée, cet homme
paieroit donc 3 liv. 4 sols; mais en employant
comme journalier ses 8 journées sur les chemins il gagneroit au moins 6 liv., il en auroit
déboursé 3 liv. 4 sols, il lui resteroit donc
2 liv. 16 sols pour la valeur de ses 8 journées, il gagneroit donc 7 sols par jour, pour
ses journées de corvées qui sont aujourd'hui
perdues en totalité pour lui. Si nous estimons
sa journée courante dans son pays à 15 sols,
l'impôt de Corvée lui coûte aujourd'hui 6 liv.
en pure perte, & dans l'état que nous proposons elles lui produiroient au moins 2 liv. 16
sols; sa charge seroit donc diminuée de près
de moitié de ce qu'elle est aujourd'hui. Voilà
le bénéfice du simple Journalier, en ne supposant même les journées qu'à 15 sols, le
bénéfice du Laboureur seroit bien plus considérable; on sent assez pourquoi.

Mais (& j'y reviens toujours) il faut voir les
états dont j'ai parlé ci-dessus; je les tiens pour
indispensablement nécessaires à plus d'un égard:
ils répandront des lumières très-utiles pour

diriger vers des idées dont il seroit très-important de ne pas différer le développement. Je les médite depuis 15 ans sans pouvoir les éclaircir.

Je ne puis, je ne veux, ni ne dois en dire davantage ; je serois en état de faire sur cette matière un volume , dans lequel bien des gens ne trouveroient rien de trop : mais j'en ai dit assez si le Ministère veut m'accorder son attention.

Suivant le plan très-vaste, mais très-exécutable dont je viens de parler, on pourroit donc, sans charger le Trésor Royal plus qu'il ne l'est aujourd'hui , & sans que personne se plaignît dans le Royaume, assurer aux Ponts & Chaussées 20 millions de fonds (1).

---

(1) Je n'indique point ici les moyens dont j'ai parlé à la fin de mon Mémoire sur les Ponts & Chauf-fées , & par lesquels j'espérerois soulager le Trésor Royal des 8 millions qui sont ici à sa charge, & peut-être même en partie les Corvéables ; par ces moyens & outre les soulagemens ci-dessus, j'espérerois élever les fonds des Ponts & Chaussées à 30 millions, ce qui accélereroit la perfection des navigations ; & l'on sent assez qu'à mesure que les navigations s'établiront les grands chemins seront moins chers à entretenir.

De ces 20 millions, 12 seroient employés pour les chemins ou pour toutes les routes de terre, & 8 pour les navigations tant naturelles qu'artificielles, & dans dix ou douze ans je réponds que la France n'auroit plus rien à desirer pour la facilité des versemens, tant dans l'intérieur qu'à l'étranger : elle vaudroit un tiers de plus.

Si le Ministre qui jettera les fondemens de cette magnifique opération, ne voit pas élever en son honneur des statues de marbre & de bronze, je réponds au moins qu'il vivra dans la mémoire des hommes ; son nom sera consacré par la postérité la plus reculée.

MÉMOIRE

Sur le Programme proposé relativement à la Machine de Marly (1).

Sous quelque point de vue que l'on confidère la Machine de Marly, je crois impoffible de ne fe pas déterminer à la fupprimer.

Si l'on a égard au fervice auquel elle eft deftinée, on reconnoît fon infuffifance pour les befoins actuels : cette infuffifance eft inhérente à fa conftruction ; elle eft rendue beaucoup plus fenfible encore par les chômages qu'occafionnent des réparations fréquentes, & qui le deviendront de plus en plus.

Si l'on a égard aux dépenfes de fon entretien, on verra que, quoique déjà très-confidérables aujourd'hui, elles feront plus chères encore de jour en jour.

Les fonctions d'une partie des différentes

____

(1) Ce Mémoire a été remis à M. le Comte d'Angiviller, en Septembre 1784.

pièces de cette Machine ont été altérées par l'impéritie de ceux qui ont été chargés de l'entretenir & de la réparer. Je pourrois en donner plusieurs preuves évidentes ; mais je me bornerai à ne citer pour exemple que le seul changement des manivelles qui sont aux extrémités des arbres tournant des roues.

Pour rendre ces manivelles plus solides & plus durables, on les a faites beaucoup plus grosses que les premières, & plus que ne l'exigeoient les combinaisons des forces & les résultats des efforts qu'elles avoient à faire. De cette augmentation de poids des manivelles est née la nécessité de creuser, d'entailler davantage ces arbres : ces opérations les ont affoiblis & en ont même fait éclater plusieurs ; on a eu recours alors à un remède, & celui-ci a été de surcharger les axes par des frettes de fer énormes. De ces deux changemens il est résulté un frottement beaucoup plus grand & une résistance plus considérable qui retardent les mouvemens.

Je ne cite cet exemple que parce qu'il est le plus aisé à entendre & à reconnoître ; enfin je tiens cette Machine pour absolument gâtée : autant vaudroit, presque, la refaire que de la réparer ; mais jamais elle ne fourniroit autant d'eau que le moyen dont je vais parler, & son entretien seroit toujours beaucoup plus cher.

En supprimant cette Machine, il me paroît qu'il y a deux objets dont une administration sage, éclairée & qui saisit toutes les occasions de faire le bien, doit s'occuper avec la plus grande attention.

Le premier de ces objets est, à la vérité, le seul confié aux soins de M. le Comte d'Angiviller ; mais son amour pour le bien public ne lui permettra point d'être indifférent pour le second, &, si je ne me trompe pas dans mes spéculations, il s'empressera sûrement d'accueillir une idée qui fait naître d'une opération de son ministère une source inépuisable d'avantages publics.

Le premier de ces objets est le service de Versailles & de Marly, service pour lequel seul a été construite la Machine dont je parle. Il est aisé de satisfaire à ce service d'une manière moins chère, beaucoup plus sûre, & beaucoup plus constante par l'établissement des Pompes à feu ; j'en parlerai plus bas.

Le second objet, c'est de profiter du lit

de la Rivière qui va devenir libre. La Rivière neuve fuffit & fuffira toujours au commerce ; elle exige feulement quelques réparations très-indépendantes des confidérations dont je m'occupe ici.

On peut tirer un parti très-avantageux de l'ancien lit, de celui qu'occupe actuellement la Machine , & des ouvrages qui y font conftruits. Je propofe d'établir dans ce lit de Rivière des Moulins , de l'efpèce de ceux que l'on connoît à Touloufe fous le nom de *Moulins du Bazacle.* Les grains arriveront par la Rivière & les farines feront portées par elle à Paris ; il eft hors de doute que ces Moulins feront conftamment occupés ; & ce qui les rend préférables à tous autres , c'eft qu'ils ont l'avantage très-précieux de ne pouvoir jamais être emportés , ni même arrêtés par les grandes eaux , parce qu'ils font élevés fort au-deffus de leur niveau , & fort au-deffus du déverfoir. Ils ne peuvent pas non plus être emportés par les glaces , parce que les roues prennent l'eau par-deffous les plus épaiffes. Tout affureroit donc à cet établiffement le plus grand fuccès , & l'utilité de fon exécution est, à plusieurs égards, de la plus grande importance.

Pour donner une idée sommaire du produit de ces Moulins en farine, je ne le calculerai que sur celui que donnent aujourd'hui les Moulins du Bazacle, & je n'aurai nul égard aux avantages dont peuvent être susceptibles ceux que je propose d'établir, & qui résulteront soit de la nature & du diamètre des meules, soit d'une construction perfectionnée.

La meule, dite de Saint-Etienne, aux Moulins du Bazacle, n'est ni la plus grande, ni la plus petite de celles de ces Moulins; son diamètre n'est que de 5 pieds 2 pouces; elle n'est ni la plus lente, ni la plus diligente; elle fait 103 à 105 tours par minute, selon une expérience faite le 31 Juillet 1784. Selon la même expérience, cette meule moud 240 livres de bled, poids de marc, en 45 minutes, c'est à dire 320 livres par heure. Cette meule en travaillant 24 heures moud donc 7,680 livres de bled. En supposant 350 jours de travail seulement, quoiqu'on ne doive en perdre qu'un par mois pour le repiquage des meules, ce seroit 2,688,000 livres de bled par an, & comme il eſt poſſible d'établir 28 Moulins dans l'emplacement que laiſſeroit libre la Machine de Marly, ce ſeroit 75,264,000 livres de bled; je crois même que l'on pourroit très-aiſément compter ſur cent millions de livres de bled par an.

Il ſeroit facile, ſi on le deſiroit, de conſtruire beaucoup d'autres Moulins ſemblables, en faiſant un Canal dans l'Iſle qui eſt près de la Machine, & dont la priſe d'eau ſeroit au-deſſus de la chauſſée de cette même Machine. Il eſt aiſé de démontrer qu'il y auroit aſſez d'eau pour 60 Moulins; les courſiers des Moulins n'en employant qu'un douzième de ce qu'en emploient les courſiers actuels de la Machine.

C'en eſt aſſez pour faire ſentir toute l'importance de l'idée que je préſente, & qui ſe trouve d'autant plus aiſée à exécuter, que les travaux faits dans l'eau pour l'établiſſement de la Machine de Marly, offrent des moyens tout préparés & des dépenſes déjà faites. Je donnerai ſur ces différens articles tous les développemens que l'on deſirera.

Service de Verfailles & de Marly.

Quant au remplacement de la Machine pour le fervice des Châteaux de Verfailles & de Marly, une Pompe à feu, ou plutôt deux Pompes qui travailleroient fucceffivement, ou concurremment quand on le defireroit, produiroient aifément le double, même le triple de l'eau que peut donner la Machine actuelle de Marly.

C'eft à MM. Perrier à qui il faut s'adreffer pour le calcul des forces néceffaires pour produire la quantité que l'on defirera, & très-certainement ils y fatisferont, & eux feuls me paroiffent devoir être chargés de l'exécution.

La Machine de Marly donnoit autrefois mille muids d'eau par heure, ce qui faifoit par an, en comptant environ trois mois de chômage, pour les réparations, les gelées, les grandes eaux, un produit de 6,600,000 muids, ou de 52,800,000 pieds cubes; elle n'en donne peut-être pas aujourd'hui le quart. La Machine de Chaillot donne 400,000 pieds cubes d'eau par jour, ce qui fait par an

146,000,000 ; mais elle n'élève l'eau qu'à 110 pieds. A Marly l'élévation est de 502 pieds. Les forces employées à Chaillot n'éléveroient à cette hauteur que 3 1, 1 0 0, 5 5 2 pieds cubes d'eau ; mais les habiles Ingénieurs dont je viens de parler, parviendront aisément à doubler ces effets, & à produire ainsi plus d'eau que n'en a jamais donné ni dû donner la Machine de Marly, sur-tout en faisant marcher les deux Pompes dans les tems favorables. C'est à eux que je renvoie ce problême pour le résoudre de la manière la plus avantageuse, conformément aux demandes qui leur seroient faites.

Comparaison des différences des dépenses & des produits qui résulteront entre l'état actuel & l'état futur, d'après le plan proposé (1).

E T A T   A C T U E L.

Si j'en crois quelques états qui m'ont été donnés, mais dont la vérité ne m'est pas

(1) Je n'ai rien calculé avec une précision rigoureuse ; mais je crois avoir pourtant enflé la dépense & diminué la recette, seule manière de dresser des projets

démontrée, les dépenses annuelles pour les réparations de la Machine de Marly, pour les appointemens de toutes espèces, &c. montent aujourd'hui à plus de 130,000 liv.

Etat de dépenses & de recette d'après le projet.

DÉPENSES.

J'estime l'établissement des deux Pompes & de tout ce qui est nécessaire à leur service à un million ; j'en donnerai le devis si on le desire, & je crois pouvoir assurer que MM. Perrier s'en rendroient entrepreneurs à ce prix, & peut-être même à meilleur marché ; je pense, comme je l'ai déjà dit, qu'il n'y a qu'eux par qui il convînt de les faire faire,   liv. 1,000,000

d'entreprise. Si on desire des calculs plus exacts, je les donnerai aussi justes qu'il me sera possible. Cette observation est applicable à tous les devis, à tous les états de recette & de dépense de ce Mémoire ; j'ai cru la précision d'autant moins nécessaire, que le Ministère a des Officiers qui sans doute seront chargés de ces estimations & de ces vérifications.

liv.

1,000,000

La conſtruction de 28 Moulins & des Bâtimens néceſſaires pour les dépôts des bleds & des farines & pour loger les Meûniers, peut être eſtimée à quatre ou cinq cents mille liv. ci . . . 500,000

Total des dépenſes, quinze-cent-mille liv. ci 1,500,000

Les débris de la Machine de Marly, qui ſera vendue après l'établiſſement & le ſervice des Pompes, ont une valeur que je ne puis connoître : il en ſera fait eſtimation ; mais en attendant je crois pouvoir les porter, à très-bas prix, à quatre-cent-mille liv. ci 400,000

liv.

La miſe faite pour l'établiſſement des Pompes & des Moulins, reſtera donc pour onze-cent-mille liv. 1,100,000

                             liv.

L'intérêt de cette somme est de cinquante-cinq mille liv. ci .   55,000

Les frais pour les réparations de la Machine, les dépenses journalières en Ouvriers, charbon, &c. les appointemens d'un Gouverneur, si on en veut un, & des Commis de toute espèce, dont je pense qu'il conviendroit de traiter avec le Gouverneur de la Machine, peuvent être portés à cent-mille liv.   100,000

Total des dépenses annuelles aux frais du Roi, cent-cinquante-cinq-mille liv. ci . . .   155,000

RECETTE.

Les fermages de 28 Moulins ne peuvent être estimées, toutes réparations faites, & le bénéfice très-honnête du Fermier prélevé, à moins de 5,500 liv. chaque meule ; ce qui, pour les 28,

produit cent-cinquante - quatre-
mille liv. ci 154,000   liv.

Ainfi on peut confidérer ces deux articles
comme fe balançant (1).

---

(1) *Obfervation fur le produit des farines des Moulins.*

En fuppofant que les Moulins ne puiffent moudre par terme moyen que 2,688,000 livres de bled par an chacun, ce qui eft le produit de la meule dite de Saint-Etienne à Touloufe, quoique cette meule n'ait que 5 pieds 2 pouces de diamètre, au lieu de 6 pieds qu'auront les meules de Marly ; il en réfulteroit que les 28 meules moudroient 75,264,000 livres de bled, ou 313,600 feptiers. Le prix payé au Meûnier à Paris eft de 20 fols pour la farine, & de 12 ou 15 fols pour des moûtures plus groffières ; on peut établir le prix commun à 17 ou 18 fols. Je ne l'eftimerai qu'à 17 fols, alors le produit des 313,000 feptiers feroit de 266,560 liv.

J'eftime les réparations groffes & menues des 28 Moulins très-haut en les portant à 30,000 liv., refte donc 236,560 liv. Je fuppofe que l'on abandonne au Fermier le tiers de cette fomme, ou 78,853 liv, pour fon bénéfice, la ferme refteroit de 157,707. Je ne l'ai portée qu'à 155,000 liv.

RÉSUMÉ.

Il paroît donc que dans le nouvel état le Roi bénéficieroit des 130,000 liv., ou de telle autre fomme que coûte aujourd'hui l'entretien de la Machine, & que l'on feroit affuré d'un fervice conftant que rien ne pourroit troubler, & qui fourniroit beaucoup plus d'eau que ne peut en donner la Machine de Marly, fuppofée dans le meilleur état poffible.

Mais ce qui fixera particulièrement les regards de Sa Majefté, & ceux de M. le Comte d'Angiviller, ce fera fans doute l'avantage inappréciable que l'on trouve à profiter du lit de la Rivière qui reftera libre, & des ouvrages qui y font déjà conftruits, pour placer 28 Moulins, dont le travail ne pourroit être interrompu, ni par les plus grandes inondations, ni par les plus fortes gelées ; ce qui, dans des circonftances femblables à celles de l'hiver dernier, & qui ne permettent pas d'amener des farines à

Paris,

Paris, devient de la plus grande importance.

J'ai dit qu'il seroit possible d'établir 60 Moulins pareils à ceux dont je parle, & plus si on le vouloit, dans l'Isle qui est près de la Machine actuelle. La construction de ces 60 Moulins pourroit, à cause des frais du canal, monter à environ 8 à 9 cent-mille liv. Ces Moulins affermés à 5,500 liv. chacun, produiroient 330,000 liv. Alors une grande partie des farines nécessaires à l'approvisionnement de Paris pourroient être moulues à la porte de cette Ville, & le Roi en procurant cet avantage à la Capitale de son Empire, feroit entrer dans son Trésor Royal un revenu net & très-assuré d'environ 615,000 liv., en y comprenant la souftraction de la dépense de la Machine actuelle de Marly, portée seulement à 130,000 liv. & cela avec une avance d'environ deux millions.

Voilà le plan que je soumets aux lumières de M. le Comte d'Angiviller ; il voit bien que je n'ai point la prétention de concourir pour le prix proposé ; ce n'est que comme

M.

Citoyen que je présente des vues que je crois pouvoir être utiles ; nul autre intérêt ne peut m'animer.

CANAL DE BERRY.

Lé Berry fut toujours l'objet des juſtes lamentations de ceux dont le zèle s'eſt occupé de l'état de l'Agriculture en France ; toujours il ſe préſente à leux yeux lorſqu'il s'agit de peindre la miſère d'un pays, que la Nature n'a pas condamné à la ſtérilité ; un pays que ſon climat, ſon ſol, ſes Rivières, ſa poſition au centre du Royaume ſembloient appeler à un état plus floriſſant.

Frappé des avantages dont cette Province peut jouïr, la conſidérant comme fertile en bled, en chanvre, en lin, comme très-propre à la nourriture des beſtiaux de toute eſpèce, & particulièrement à celle des Moutons, comme produiſant beaucoup de fer excellent, je ne trouvois d'obſtacle à ſa proſpérité que dans le défaut de débouchés. Il me paroiſſoit évident que, ſi cette Province obtenoit des moyens de faire entrer ſes productions dans la circulation générale, ſon état devoit s'améliorer rapidement.

On l'a penſé de tout tems ; en 1484, les

M ij

Etats affemblés à Tours, & confultés fur les différens moyens de donner de l'activité au commerce de l'intérieur, regardèrent la Ville de Bourges comme une des plus avantageufes pour ce commerce. On y établit en conféquence des foires qui furent depuis transférées à Lyon, après un incendie qui détruifit prefque la Ville de Bourges.

Je crus donc que procurer à cette Province la facilité d'exporter à peu de frais les denrées qu'elle produit, ce feroit rendre un fervice effentiel à l'Etat. Si je n'ai pas eu le bonheur d'y parvenir, je conferve du moins la fatisfaction de penfer que j'en avois indiqué les véritables moyens, & l'efpérance que l'adminiftration fage & éclairée qui veille aujourd'hui fur le bonheur du Berry, exécutera ce que j'avois propofé. Je joindrai à ce Mémoire un précis hiftorique très-fuccinct des foins que je me fuis donné. Si mon zèle n'a pas été couronné par le fuccès qui devoit en être le prix, je prouverai du moins que je n'ai nulle négligence à me reprocher.

Je vais donner une idée fommaire de ce projet, dont les plans, les profils, les devis,

& tous les mémoires inſtructifs ont été remis aux Miniſtres.

Ce Canal qui doit avoir environ 33 lieues de cours, eſt du nombre de ceux que l'on appelle à point de partage ; ce point de partage eſt placé dans la Forêt de Tronçais, près des Sources de l'*Auron* & de la *Fond Chapuy*, dont il reçoit les eaux ; des rigoles y amènent celles de la Rivière de *Marmande*. Le baſſin de ce point de partage recevra ainſi 687 toiſes cubes d'eau par 24 heures, dans le tems des plus baſſes eaux ; quantité qui feroit feule fuffiſante pour fournir aux dépenſes du Canal. Outre cette quantité d'eau des Sources toujours conſtantes, le terrein qui verfera ſes eaux pluviales dans ce baſſin, en fournira par an plus de 1,200,000 toiſes cubes, & l'on pourroit pratiquer des réfervoirs, qui en contiendroient plus qu'il n'en faudroit pour la dépenſe entière de ce Canal pendant une année de navigation. Ces faits prouvés par les jauges & par les meſures les plus exactes, fortifient ce que M. Bouchet, Chevalier de l'Ordre du Roi, & Infpecteur Général des Ponts & Chauffées, nommé par le Miniſtère pour l'examen de mon projet, diſoit en 1772, lorſque je n'étois pas encore déterminé à dériver les eaux de la Marmande.

« Lors de la viſite de ce Canal, au mois de Février de cette année 1772, il ſe rendoit à ce point de partage une telle quantité d'eau, qu'il y auroit eu de quoi former & entretenir ſix, dix Canaux comme celui dont il eſt queſtion ; mais cet état étoit forcé par la fréquence des pluies & par la fonte des neiges, en ſorte même qu'il étoit impoſſible de reconnoître, de meſurer les Sources, Ruiſſeaux qui, réduits à leur point ordinaire, pourroient fournir à la dépenſe ordinaire du Canal. Ce n'eſt donc que ſur les informations faites aux Meûniers, & à d'autres perſonnes intelligentes du pays, qu'on peut aſſurer que les Sources, les Ruiſſeaux que l'on peut amener par des rigoles, & dont on pourra former le baſſin du point de partage, ſeront beaucoup plus que ſuffiſans pour alimenter une navigation, telle qu'elle pourra ſe faire pour la communication de l'Allier & de l'Auron.

Il faut ſe reſſouvenir qu'il n'étoit point encore queſtion de tirer des eaux de la Marmande, dont je ne connoiſſois pas alors l'éléva-

tion au-deſſus du point de partage ; opération
que j'ai fait faire depuis , & qui , vérifiée par
M. de Walframber, Ingénieur alors de la
Province de Berry, commis par M. de Trudaine , a été trouvée non-ſeulement très-pra-
ticable , mais très-facile & peu diſpendieuſe ,
ainſi qu'il s'exprime dans la Lettre qu'il m'é-
crivit, en date du 24 Septembre 1773 : or,
cette Rivière de Marmande , ſur laquelle M.
Bouchet n'avoit pas compté, fournit elle ſeule
deux fois autant d'eau que les Sources auxquelles il ſe bornoit, & cela non-ſeulement
fans nuire à aucune uſine ſituée ſur ſon cours;
mais même en les préſervant des trop grandes
eaux des ſaiſons pluvieuſes. Nulle difficulté
donc quant à l'eau.

On ne doit pas craindre plus de difficultés
dans la direction & la conduite de ces eaux
pour le Canal. En ſortant du point de partage, ce Canal parcourra environ 700 toiſes
fous terre, opération très-facile & beaucoup
moins diſpendieuſe que le circuit que l'on
pourroit faire pour éviter ce paſſage ſouterrain,
comme il réſulte des deux plans que j'ai préfentés à l'Aminiſtration des Ponts & Chauſſées,

& sur l'examen desquels cette Administration s'est sagement décidée pour le passage souterrein.

Le Canal suivra ensuite la Plaine de *Lurcy*, sensiblement de niveau jusqu'à la hauteur de *Mesangy* ; dans tout cet espace la terre est telle qu'on doit la desirer pour creuser un Canal. Depuis Mesangy jusqu'à l'Allier on suivra la pente de la Rivière qui tombe dans l'Allier vis-à-vis du Village de Veurdre, ainsi nulle difficulté. Voilà quant à la première branche.

Quant à celle allant du point de partage à *Selles* en Berry se jetter dans la Loire, le niveau de la Rivière d'Auron que l'on côtoiera, assûre la direction de ce Canal, qui se trouve déterminée par la Nature même, & le terrein dans tout cet espace est de l'espèce la plus convenable pour former un très bon Canal. M. Bouchet qui connoît bien cette partie & qui fut chargé de l'examiner, s'exprime ainsi :

« En suivant les endroits par où pourroit & devroit passer ce nouveau Canal, on trouve des pentes très-douces, il n'y a point de passage scabreux à franchir, il n'y a que peu ou point de rochers à escarper, point de Montagnes à percer, à contourner sur de rapides

penchants ; on ne fera point obligé de traver-
fer des vallées, des gorges profondes où il
faudroit élever des Chauffées, par-tout le terrein paroît ferme & affez bon pour retenir
l'eau ; les marres, les foffés, les étangs que
l'on trouve fréquemment, prouvent affez que
les filtrations font difficiles, & que pour le
déchet des eaux il n'y a guère que l'évaporation à craindre ; mais c'eft un inconvénient
qui eft commun à tous les pays. La pierre de
taille, le moëllon, la chaux, le fable, les
bois, tout eft fur place ou prefque fur place.
La Province de Limoufin, celle d'Auvergne
qui font limitrophes du Berry, fourniffent
l'une les Tailleurs de pierre, les Mâçons, les
Goujats, l'autre fournira des Pionniers robuftes,
intelligens pour ouvrir des Canaux, pour faire
les Chauffées qui devront retenir les eaux dans
les réfervoirs, pour deffecher les marais, &
enfin pour faire tout ce qui peut avoir rapport
aux terraffemens ; les autres Ouvriers, comme
Manœuvres, Charpentiers, Serruriers, &c. &c.
fe trouveront en Berry de Village en Village,
& de Ville en Ville ».

Voilà tout ce qui étoit à obferver pour le

phyſique de l'exécution. Quant aux moyens
de dépenſe, la conſtruction même du Canal
mettoit alors à portée d'en recouvrer les frais
d'une maniére également prompte, ſûre &
très-avantageuſe. Le Roi poſſédoit ſur les bords
& dans les environs du Canal, des Forêts en
non-valeur abſolue, faute de débouchés, &
qui acquéroient un prix conſidérable par ce
Canal, qui deſſechoit en outre 5 à 6,000
arpens de terre, inondés aujourd'hui pendant
ſix mois de l'année; & il faut obſerver que
les beſtiaux ſont la ſeule richeſſe de ce pays.

En conſéquence, au nom d'une Compagnie
pour laquelle je ſtipulois, & qui étoit formée
chez un Notaire, j'offrois au Miniſtère de me
céder ces Forêts pour 70 ans, à condition de
payer annuellement au Tréſor Royal au moins
ce qu'elles ont produit par an, année commune formée des vingt dernières, & de conſtruire le Canal à mes frais, & ſans pouvoir
couper de bois avant qu'il y eût un million
de dépenſes de faites. Au bout de 70 ans
Sa Majeſté devoit rentrer en jouïſſance du
Canal & des bois, ainſi que de 5 Forges &
de 20 Moulins, que je conſtruiſois ſur ſes

bords. Ces conditions étoient détaillées dans un Projet d'Arrêt que m'avoit demandé & qu'avoit corrigé M. Cochin, & dans une Soumission que je lui avois remife, & qui l'a été depuis à M. l'Abbé Terray, à M. Turgot & à M. de Trudaine ; toutes les conditions que contenoit cette Soumiffion, m'avoient été dictées par la Compagnie que je repréfentois, & les trouvant onéreufes au Roi, j'avois remis à M. Trudaine des obfervations, defquelles il réfultoit que le Roi gagneroit plus de 10 à 12 millions dans l'efpace des 70 ans, à faire faire les dépenfes par le Tréfor Royal.

Paffons aux avantages qui auroient réfulté de la conftruction du Canal. Je vais copier ce que je difois, en 1780, dans un Mémoire adreffé à M. le Comte de Maurepas.

« Quant aux avantages réfultans du Canal, ils font aifés à appercevoir pour les Provinces de Berry & de Bourbonnois, qu'il traverfera par un cours d'environ 33 lieues, & pour les Provinces du haut Allier & de la baffe Loire, dont le commerce fe fera par une route plus courte, moins chère & plus conftamment praticable, la navigation pouvant fe faire du haut

Allier à Nantes par le Canal, dans des tems où elle est impossible par le Bec d'Allier où cette Rivière cesse d'être navigable dans les basses eaux, avant que de cesser de l'être au Veurdre, lieu de l'embouchure du Canal.

Mais outre ces avantages, il en résulteroit bien d'autres encore de la construction de ce Canal.

1°. Il y a dans la seule partie entre Veurdre & la Forêt de Tronçais, quatre lieues de terrein en longueur sur au moins quatre en largeur qui prendront une forme tout-à-fait différente, & on ne craint pas d'assurer que ces seize lieues quarrées seroient améliorées de plus du triple de leur valeur actuelle. Cet objet sera présenté, si on le desire, dans un Mémoire particulier.

2°. Il y a dans les environs, & même dans les Forêts, des terreins très-considérables en friche & en non-valeur absolue, qui peuvent être rendus à l'Agriculture, & ce n'est pas exagérer que de les porter à 12,000 arpens ou environ.

3°. Pour tirer des Forêts tout le parti qu'on peut en attendre, on se proposeroit de construire dans les environs, & sur des cours d'eau suffisans & constans, quatre ou peut-être cinq Forges. Elles sont nécessaires pour la consommation des bois qui ne pourront être employés en bois d'ouvrage, & qui pourriroient sur le sol & nuiroient à la recrûe du taillis (1). Cette nature de bois fera au moins les trois quarts de la quantité que donneront les Forêts. Ces Forges fourniront des salaires certains à un nombre très-confidérable de Manouvriers. Le projet des Forges a été compris dans celui du Canal ; ils sont liés ensemble, de manière que ce dernier leur fournira de l'eau, servira à la conduite des mines & charbons dans plusieurs, & à la sortie des fers de toutes.

4°. M. Bouchet, Inspecteur des Ponts & Chaussées, a reconnu l'avantage qui résulteroit du deffechement d'un nombre confidérable de marais, qui deviendroient de bons pâturages ou d'abondantes prairies. Enfin, car je ne cherche point à m'appefantir ici fur l'énumération des effets avantageux de ce Canal, je

____

(1) Je ne crois pas qu'il soit convenable de compter fur le transport des bois de chauffage à Paris; je rejette cette espérance par plus d'une raison : il feroit trop long de m'expliquer ici fur cette spéculation, & cela feroit inutile. Ceux qui connoissent bien la navigation du Canal de Briare ne se feront d'illufion, les seuls bois d'ouvrages pourront en fupporter les frais.

prie qu'on fe donne la peine de lire les Mémoires de la Municipalité de Bourges, ceux des
Notables de cette Ville, ceux des Seigneurs
riverains, ceux de M. Bouchet & les miens (1).

5°. Mais un objet fur lequel il m'eft impoffible de ne pas prier que l'on fixe un inftant
fon attention, c'eft qu'il fera très-facile d'ouvrir par ce Canal une navigation qui s'étende
depuis Nantes jufqu'au Rhône, par le centre
du Berry & du Bourbonnois, il ne faut que
continuer l'opération projettée depuis 1749,
toujours approuvée, & encore très-imparfaite,
quoique commencée en vertu de différens
Arrêts depuis 1760, pour joindre la Loire au
Rhône par *Givors*, un peu au-deffus de *Bo-
théon*, Port déjà trés-fréquenté. Il ne refte
plus, à ce que je crois, qu'environ 7 à 8
lieues de Canal à faire, pour que cette communication foit parfaitement libre. Je fuis affuré
de la poffibilité de fon exécution qui feroit de
la plus grande importance.

Le Canal de Berry s'uniroit donc & fe lie-
roit avec les navigations de la Loire, de la

____

(1) Tous ces Mémoires exiftent dans les Bureaux.

Seine & du Rhône, c'eſt-à-dire, avec tout le Royaume bientôt, & je crois qu'en s'occupant d'une nouvelle navigation, on ne peut trop s'occuper auſſi de ſes rapports avec toutes les autres navigations du Royaume, tant avec celles qui exiſtent, qu'avec celles dont on doit prévoir l'exiſtence, par les moyens que la Nature a laiſſés à notre diſpoſition & que le beſoin fera ſaiſir tôt ou tard. Il y auroit ſur ces articles un très-grand travail à faire, j'en ai conçu l'idée depuis long-tems, j'en raſſemble les matériaux (1).

Enfin la France peut-elle avoir trop de Canaux qui la traverſent pour ſe rendre aux Mers qui l'entourent? S'ils ſont conſtamment utiles en tems de paix, combien ne ſont-ils pas importans en tems de guerre.

(1) Ce plan eſt celui que j'ai préſenté depuis & en 1779 dans le Proſpectus de la Phyſique du Monde, réimprimé dans cet écrit-ci, & que j'ai plus particuliè-rement détaillé dans la lettre que j'ai eu l'honneur de préſenter au Roi, & que l'on vient de lire. Ce plan exige les voyages & les opérations auxquelles j'offrois de conſacrer ſix mois par an, & que j'étois aſſuré de terminer en ſix ans: ce travail ſeroit donc aujourd'hui plus d'à moitié fait.

Toutes ces fpéculations font impoffibles à expofer, à développer & à établir folidement dans un Mémoire auffi court que celui-ci doit l'être ; mais fi je parois mériter d'être entendu, j'efpère propofer des vues faines avec clarté & précifion.

Il ne me refte plus qu'à préfenter, ainfi que je l'ai annoncé, l'hiftoire fuccincte de mes démarches & de leur peu de fuccès.

Plus de 1200 Lettres, les unes émanées de S. A. S. Mgr. le Prince de Conti, alors Comte de la Marche, & Gouverneur du Berry, de M. le Duc de Charroft, de la Municipalité de Bourges & des riverains ; plus de 100 émanées des Miniftres, des Intendans des Finances ou de leurs Bureaux.

Plus de 60 Mémoires fur le Commerce qui fe fait par les Rivières, avec lefquelles mon Canal devoir avoir des rapports, & fur-tout fur la valeur des Forêts, fur la manière d'en tirer le meilleur parti poffible dans les différens pays & felon les différentes natures de bois ; voilà les matériaux que j'avois raffemblés, & qui ferviroient au befoin de pièces juftificatives de tout ce que je vais dire.

Ce

Ce fut en 1771 que je préfentai mon projet à M. Bertin, alors Miniftre de cette partie, & des Lettres de fes Bureaux de la même année me promettoient de jour en jour l'exécution du Canal. Cependant la prudence du Miniftre lui fit defirer l'avis d'un homme de l'art, ce qui étoit très-jufte, & par des circonftances qui tiennent aux chofes, aux formes, &c. fans qu'on puiffe les imputer à perfonne, la vérification ne fut faite qu'en 1773. Le 9 Mars de cette année tout fembloit terminé, comme il le paroît par une Lettre de M. Cochin, datée de ce jour.

Les variations dans les Miniftères & dans les Départemens, me firent perdre la fin de 1773 & toute l'année 1774, quelques peines que je me fois données pendant ces deux années. Le 12 Février 1775, j'eus une longue & très-longue converfation avec M. Trudaine, ou plutôt un long travail : je crus prévoir dans cette converfation la perte de mon projet ; je mis le lendemain 13 le réfultat de notre travail fous les yeux de cet Intendant des Finances, je le revis encore, il parut revenir à mes idées ; car nous ne difputions que fur la forme :

N

il vouloit que la Compagnie chargeât les Officiers des Ponts & Chauffées de la conftruction
du Canal ; à tort ou à raifon la Compagnie ne
le vouloit pas, & confentoit feulement qu'il y
eût un Commiffaire chargé de vérifier les
ouvrages.

M. Trudaine parut y confentir. Je demandai
alors que mon projet fût rapporté à une Affemblée des Ponts & Chauffées, je l'obtins, M.
Bouchet en fut Rapporteur. Ce rapport fe fit
le 29 Novembre 1775 dans une affemblée
où fe trouva M. Perronet, & où affiftoient
22 Ingénieurs. On difcuta mes plans, mes
moyens, les différentes opérations que je
propofois, entre autres le percement fouterrein, ou l'ouverture à ciel ouvert, & fur la
répréfentation des deux plans que j'en avois
dreffés, & des devis qui y étoient joints, très-
bien expofés, très-bien expliqués, très-bien
démontrés par M. Bouchet, on paffa à l'avis
du Canal fouterrein.

Je crus alors que tout étoit fini : mais les
lenteurs recommencèrent, je n'en aï jamais pu
tarir la fource ; pendant fix mois je devois fortir
toutes les femaines du porte - feuille de M.

Cochin, avec qui j'avois rédigé Arrets & Lettres-patentes qui avoient été communiquées à M. Bouchet. Cet Intendant des Finances perdit son état, & moi tout le tems que j'avois employé avec lui pendant quatre ans. Enfin les Forêts de Tronçais & celles du Berry furent données à Mgr. le Comte d'Artois ; alors le projet devint impossible à exécuter par les moyens que je proposois.

Que de choses intéressantes pour un Auteur de projet j'ai sacrifiées au desir d'abréger ce Mémoire ! les témoignages favorables & les dégoûts, j'ai tout obmis. Je me rappelle avec plaisir encore les premiers ; & si je n'ai pas oublié les autres, je n'en garde le souvenir que comme un Pilote place chez lui le tableau d'un naufrage.

Je ne me plains de personne ; cependant ceux qui me liront croiront aisément que je n'ai pas eu à me louer de tout le monde.

M. Bertin, M. de Laverdy, M. d'Invau, M. l'Abbé Terray, M. Cochin, M. Trudaine, voilà ceux que mes travaux m'ont procuré l'honneur de connoître. Tout cela ne m'a pas coûté plus de six ans de travaux & plus de

30,000 liv. de dépenſe. Et je le répète, je ne me plains de perſonne, j'ai acquis de l'expérience ; l'avantage de connoître les hommes, de juger les circonſtances, vaut ſon prix. On apprend au moins comment tout pourroit aller quelquefois, & comment il faudroit alors aller ſoi-même.

Ma dernière conſolation eſt dans l'eſpérance que l'Adminiſtration provinciale du Berry exécutera ce que j'ai projetté. Les preuves multipliées de bienfaiſance, de lumières, de grandes vues qu'a données cette Adminiſtration, le mérite très-reconnu de pluſieurs de ſes Membres, la conſidération dûe à leur état ou à leur perſonne, ne me permettent pas de douter que cette Adminiſtration ne triomphe d'obſtacles invincibles pour moi. Peut-être, & je le deſire, fera-t-on mieux que je ne propoſois ; ce vœu eſt le plus ardent que je puiſſe former, & je ne me plaindrai pas même de n'être compté pour rien dans cette grande & magnifique opération, ſi le bien de la Province & la gloire de ceux qui l'adminiſtrent en réſultent.

On a vu par les travaux auxquels je me

suis livré depuis, que je ne suis ni corrigé ni dégoûté. Voilà la preuve de ce que j'ai déjà dit page 7. Je desire vivement le bien, je me crois obligé d'y consacrer tous mes moyens, personne ne peut détruire cette persuasion dans laquelle je suis, personne n'a le droit ni le pouvoir de me faire négliger un devoir que je crois sacré. Si tous ceux qui ont plus de lumières que moi pensoient de même, il viendroit un tems où tous ces matériaux ne seroient pas perdus. Puissé-je voir l'époque de ce zèle & celle où il sera couronné !

Je terminerai ce Mémoire par deux Lettres, dont les témoignages me sont précieux à tous égards.

Lettre de Mgr. l'Archevêque de Bourges.

Du 28 Décembre 1779.

J'ai reçu, Monsieur, la Lettre que vous m'avez fait l'honneur de m'écrire avec la copie de celle que vous avez adressée à M. le Directeur-Général des Finances. Je me ferai un devoir de rendre témoignage à la vérité, en disant que le Canal dont vous avez formé le projet eft le plus grand des biens qu'on pût procurer non-feulement au Berry, mais encore au Bourbonnois & à l'Auvergne, & que les opérations préliminaires ont dû coûter des avances confidérables (1). Je defire que le Gouvernement trouve les moyens de vous en indcmnifer. Je ferois fort aife d'avoir l'honneur de vous voir, & de vous affurer de vive voix de tous les fentimens avec lef-quels, &c.

Signé, l'Archevêque de Bourges.

Lettre de M. le Duc de Charrot.

Je fuis fâché, Monfieur, de ne m'être pas trouvé chez moi lorfque vous m'avez fait l honneur d'y venir. C'eft avec grand plaifir que je ferai connoître à M. le Directeur-Géné-

----

(1) Ces dépenfes ont monté à plus de 30,000 liv. ma fortune étoit médiocre, j'ai été forcé à des emprunts, & cette perte m'a infiniment gêné, & a néceffité à la fin la retraite dans laquelle je fuis réduit à vivre.

ral tous les soins que vous vous-êtes donnés pour la navigation du Berry, les dépenses que vous avez faites à ce sujet, & les propositions avantageuses dont vous avez bien voulu me faire part, & dont j'ai parlé bien des fois en sollicitant le succès de vos demandes auprès de M. Bertin, ayant alors dans le Département les Canaux, & de MM. de Laverdy, d'Invau, Terray, Contrôleurs - Généraux, Cochin, Trudaine, Intendans des Finances, &c. &c. &c.

Dès 1775 on avoit proposé un nouveau Canal pour le Berry, je ne pus connoître sa direction; mais sur sa seule proposition, je crus devoir adresser à M. le Comte de Maurepas le Mémoire suivant.

Mémoire envoyé à M. le Comte de Maurepas.

Le nouveau projet de navigation proposé pour le Berry par la Rivière de Cher, ne m'est pas assez connu pour que je puisse entrer dans l'examen réfléchi de toutes les parties de ce projet, & discuter les avantages, les défa-

vantages, & fur-tout les difficultés de fon exécution. Cependant occupé depuis long-tems de
la recherche de tous les moyens de procurer
à cette Province des débouchés faciles pour les
denrées dont elle abonde, je me crois en état de
préfenter des obfervations qui paroîtront dignes
d'attention ; j'offre de les étendre, de les adapter au projet, s'il m'eft communiqué.

Douze ans de foins, de travaux, de dépenfes
employées à former & à perfectionner un projet de même genre & ayant même objet; projet
vérifié deux fois par l'ordre des Miniftres &
par des Officiers des Ponts & Chauffées, projet
toujours approuvé. Voilà mes titres pour parler
d'une nouvelle idée, qui doit, dit-on, faire
tomber mes propofitions. Ces titres m'autorifent,
je crois, à efpérer que l'on voudra bien m'entendre, comparer les avantages du Canal que
je propofe depuis cinq ans, avec ceux du Canal
qu'on vient de préfenter. La carrière du bien
public doit être ouverte à la concurrence,
la préférence n'eft dûe qu'à celui qui déve-
loppe plus de moyens, plus de force, plus
d'activité. Un triomphe clandeftin, fruit de
l'exclufion des rivaux, feroit fufpect autant

qu'injufte. Ici les confidérations perfonnelles ne fonc, ou du moins ne devroient être d'aucun poids. Les feuls protecteurs doivent être la facilité, la certitude & l'effet des moyens. Je defire n'avoir à combattre que contre des rivaux en état de faire mieux que moi. Je les refpecterai en les combattant ; l'émulation fe diftingue de l'envie, par la nobleffe des moyens qu'elle emploie.

J'ai propofé au Miniftère, en Janvier 1771, de conftruire un Canal depuis le Veurdre fur l'Allier, jufqu'à Selles en Berry. Je n'entrerai ici dans aucun détail fur les avantages de ce projet ; ils font développés dans un Mémoire particulier, je demande qu'ils foient comparés à ceux du nouveau projet qu'on préfente. Si ce dernier en offre davantage, je verrai avec plaifir que l'Etat jouïra d'un plus grand bien, & fi je puis croire y avoir contribué en ouvrant cette carrière, en préfentant des idées neuves, je m'eftimerai affez heureux.

J'ai dit que le nouveau projet ne m'étoit pas affez connu pour pouvoir le foumettre à un examen très-exact ; mais on croira aifément qu'après avoir parcouru & fait parcourir le

Berry, pour y chercher les routes des navigations les plus utiles, je n'ai pas oublié le Cher.
Non-seulement je connois par moi-même cette
Rivière, non-seulement j'ai rassemblé des instructions sur son cours, sur son état & sur la
nature de son lit; mais je me suis procuré la
connoissance des dernières offres qui ont été
faites au Ministère, il y a quelques années,
*pour rendre la Rivière de Cher navigable depuis
Selles en Berry jusqu'aussi loin qu'il sera possible vers sa source, & notamment jusqu'à Saint-
Amand.* Ces offres étoient contenues dans une
Requête signée Monceau, Avocat aux Con-
seils : j'en ai copie. Les conditions étoient un
simple droit sur la navigation ; j'ignore si le
nouveau projet est le même, je ne puis en
comparer ni les conditions, ni les avantages.
Mais voici des observations sur lesquelles j'ai
cru pouvoir annoncer que je fixerois l'attention.

1°. Les Auteurs du projet se proposent-ils
de lier la navigation du Cher avec celle de
l'Allier ? S'ils ne se le proposent pas, l'opération est manquée, leur navigation ne sera que
ce que l'on appelle un *cul-de-sac*, elle ne

débouchera que par un côté. L'exportation ne pourra se faire que par la Loire ; le Berry ne poura entrer en commerce avec Paris, Rouen, le Rhône, &c. Quels avantages pour y renoncer gratuitement ! Ajoutons encore que le haut Allier perdroit une route plus courte, plus sûre, plus constamment praticable, moins coûteuse pour communiquer à la basse Loire. Ces considérations se présenteront d'elles-mêmes à la lecture de mon Mémoire sur le Canal que j'ai proposé.

Si les Auteurs du projet se proposent d'unir le Cher à l'Allier, les objections que je viens de faire portent à faux ; mais à quel point, par quelle route unissent-ils ces deux Rivières ? C'est de la vue du projet que je puis l'apprendre ; j'ôse dire seulement que cette union présente les plus grandes difficultés, ou au moins de grandes dépenses , & que sans cette union cependant le projet est manqué.

2°. Supposons donc que cette union du Cher & de l'Allier fasse partie du nouveau projet, le point où je les réunis par le mien est au Veurdre. Celui des Auteurs du nouveau plan est au-dessus ou au-dessous de cette petite Ville.

S'il est au-dessus, il est beaucoup moins avantageux sans doute, il éloigne de l'embouchure de l'Allier dans la Loire, ce qui doit entrer dans le Canal, soit en montant, soit en descendant ; ce qui devroit passer de Loire par l'Allier pour arriver au Cher auroit trop à remonter, la route deviendroit trop longue. Cet inconvénient n'existe pas dans mon projet, le chemin est beaucoup plus court du bec d'Allier à Nantes par mon Canal qu'en suivant la Loire ; mais une considération plus importante encore, & qui doit faire proscrire une embouchure placée au-dessus du Veurdre, c'est que l'on s'éloigne d'autant plus de la Loire, qu'il faut descendre pour aller rejoindre le Canal de Briare, par lequel doit se faire le commerce entre le Berry & Paris.

Je crois possible de réunir le Cher à la Loire, par un Canal dont l'embouchure seroit au-dessous du Veurdre, & dont la direction passeroit dans les environs de Néronde, traverseroit l'Auron & rejoindroit le Cher fort au-dessous de Saint-Amand. Si je n'avois qu'à faire le parallèle de ces deux projets, l'un s'embouchant au Veurdre & suivant le cours de l'Auron,

ce qui eſt ma propoſition, l'autre paſſant par
Néronde, traverſant l'Auron & joignant le
Cher au-deſſous de Saint-Amand, j'oſerois me
croire plus d'un avantage; mais je réſerve toutes ces diſcuſſions pour le moment où je con-
noîtrai le projet. J'ajouterai ſeulement que je
m'étois d'abord occupé il y a plus de 15 ans
(& j'en ai la preuve) de joindre l'Auron à
l'Allier par cette partie; mais plus d'une raiſon
également puiſſante m'ont fait abandonner
cette idée.

3°. Les frais d'une entrepriſe doivent être
une des premières conſidérations. Tant de projets ne reſtent ſans exécution, ou n'échouent
& n'écrâſent par leurs chûtes leurs Auteurs,
en privant l'Etat du bien qui devoit en réſulter, que faute par ces Entrepreneurs d'avoir
connu aſſez exactement la dépenſe, & de s'être
ſuffiſamment aſſurés de la rentrée des fonds,
ſans erreur ſur la quotité & ſur les époques.

Si le Gouvernement fait les frais de ces
entrepriſes, ils ſont alors à la charge du Fiſc
ou à celle du Peuple, ce qui revient bien au
même; avances de la part du Roi, impôts,
corvées, droits ſur le commerce, voilà les

moyens ordinaires, & souvent ils se cumulent. J'ai eu l'avantage de les écarter tous de l'exétion de mon projet. Cet avantage, je l'ai dû à la direction que j'ai donnée à mon Canal. Ce n'étoit pas le moindre mérite de mon plan, c'étoit celui qui le rendoit exécutable. Mon Canal passe par la Forêt de Tronçais, j'en puis tirer parti dès que j'aurai fait quatre lieues de navigation, j'y trouverai des ressources, des secours pour m'aider à faire le reste. Ce n'est pas tout, j'ai fait examiner toutes les Rivières qui avoisinent les autres Forêts du Berry & du Bourbonnois, j'ai fait des plans pour le tirage de toutes ces Forêts, j'ai pensé à tout, j'ai connu la nature des bois, le genre, le lieu, le prix de leur débit. On se fait illusion, si on compte sur le cours de la Loire & sur Nantes pour la très-majeure partie. Le Mairain seul peut y être conduit.

Par le nouveau projet où passera le Canal ? Je l'ignore. Mais quel parti tirera-t-on de la Forêt immense de Tronçais ? Si le Canal s'en rapproche, comme cela seroit possible, alors c'est le mien détérioré. S'il s'en éloigne, cette Forêt continuera à pourrir sur son sol, ce fait eſt certain, on ſe fait illuſion encore ſi l'on en doute. Quant aux Forêts de l'Eſpinaſſe, de Dreuille, de Grosbois, je l'ai dit, j'ai pourvu à leur exploitation & à leur tirage, & d'une manière plus avantageuſe qu'on ne le croit. J'ai peu compté ſur Nantes, je le répète, & j'ai eu de fortes raiſons pour y peu compter, la nature de ces bois les rend peu propres à la conſtruction des navires; d'ailleurs il eſt tems de penſer à ſe ménager des moyens de fournir Paris de bois de chauffage, il eſt à craindre qu'il n'y manque bientôt.

Enfin que ce ſoit aux Auteurs du nouveau projet ou à la Compagnie que je propoſe, que la conceſſion de ces Forêts ſoit faite, on travaillera à les exploiter de la manière la plus avantageuſe, & quand il ſeroit vrai que les auteurs du nouveau projet euſſent le même avantage pour quelques-unes, ce dont je ne conviens pas, celle de Tronçais, la plus conſidérable de toutes, reſte en non-valeur; mais cette conſidération, quelque importante qu'elle ſoit, n'entre cependant que pour fort peu dans les motifs de détermination pour le choix de la direction d'un Canal, qui doit enrichir à jamais la Province de Berry, &

lier fon commerce avec les Mers du Nord & du Midi de la France. C'eſt d'après ce point de vue que je deſire que l'on juge les deux projets, & que l'on prononce ſur leurs avantages. Je ne crains point que le mien ſoit communiqué aux Auteurs du nouveau projet. Si on veut bien me donner connoiſſance du leur, nous nous éclairerons l'un par l'autre, & nous éclairerons ſur-tout le Miniſtère qui ſe décidera alors, entre nous, en parfaite connoiſſance de cauſe.

La voie de l'impreſſion devroit toujours être ouverte pour l'expoſition de ces entrepriſes, elle eſt le moyen le plus ſûr d'interroger l'opinion publique, elle offre à tous les Citoyens le droit & la facilité de propoſer leurs idées ſur des opérations qui intéreſſent l'Etat ; nulle raiſon ne peut faire deſirer aux Miniſtres de couvrir des ombres du myſtère des projets de ce genre. J'invite les Auteurs du nouveau Canal à développer, ainſi que moi, aux yeux de tous leur objet, ſes effets, & tous leurs moyens par cette voie ; dès qu'ils y auront conſenti, je ferai imprimer mon projet.

Je n'eus aucune réponſe à ce Mémoire,

&

& tout que je pus obtenir verbalement , ce fut, *mais cela est très-juste , il faudra voir.*

Bientôt l'Administration provinciale du Berry fut établie ; j'appris qu'elle portoit ses regards sur la nécessité de faciliter le commerce de la Province, que sa sollicitude paternelle s'occupoit particulièrement des routes de terre & d'eau. Mon projet étoit très-bien connu de M. l'Archevêque de Bourges, Président né des Etats de cette Province ; il l'étoit de M. le Duc de Charost, à qui j'avois tout communiqué ; il étoit connu de tout le Berry, je l'avois envoyé à la Municipalité de Bourges, aux riverains du Canal projetté, j'avois reçu des réponses & des Mémoires ; on en avoit adressé aux Ministres : je n'avois donc plus rien à faire, toute démarche de ma part auroit paru dictée par le desir de me faire valoir ; ce qui intéressoit le bien public étoit fait, je pouvois, sans inconvénient, me laisser oublier, je le devois, il ne me restoit d'autre parti à prendre que d'attendre avec confiance que l'Administration du Berry eût médité , mûri dans sa sagesse, projetté avec ses lumières & préparé par des moyens bien supérieurs à ceux d'un particulier , l'exécution de cette grande entreprife ; c'eſt ce que j'ai fait.

Cependant & pour expliquer les deux Lettres que j'ai rapportées, l'une de M. l'Archevêque de Bourges, l'autre de M. le Duc de Charoſt, je me crus autoriſé à réclamer le rembourſement des dépenſes auxquelles j'avois été invité, excité par le Miniſtère.... mais cet objet eſt indifférent à mes Lecteurs. J'ai dit que j'avois été forcé d'abandonner Paris, de chercher une retraite où ma dépenſe pût être plus proportionnée à ce qui me reſtoit d'une fortune originairement très-médiocre, & fort diminuée par ces mêmes dépenſes dont je réclamois le rembourſement ; c'eſt dire aſſez quel fort a eu ma demande.

OBSERVATIONS

Sur deux Moyens de procurer à la Ville de Paris un cours très-abondant d'eau parfaitement salubre.

Ier. Moyen. En revenant au projet de M. le Maréchal de Vauban, & en prolongeant jusqu'à Paris la conduite des eaux de la Rivière d'Eure.

Ce projet donneroit en outre le moyen de procurer des eaux jaillissantes & très-élevées aux Jardins du Château Royal de Rambouillet.

II. Moyen. En dérivant par un Canal les eaux de la Rivière de Loire, prises à Ouzouër sur Loire entre Gien & Sully.

Ier. MOYEN.

Reprise des travaux de Maintenon.

DESCRIPTION DE L'AQUEDUC DE MAINTENON.

CE grand & magnifique ouvrage presque oublié aujourdhui & si digne d'être bien connu fut projetté & commencé en 1684, pour conduire les eaux de la Rivière d'Eure à Versailles, & pour fournir à cette Ville & aux Jardins du Palais de nos Rois, une quantité d'eau suffisante pour le service continuel des différens artifices hydrauliques qui embellissent ces Jardins.

Deux hommes de génie, justement & éternellement célèbres, la Hire & Vauban, conçurent ce projet, le plus grand peut-être en ce genre qui ait jamais été proposé; ils furent chargés d'en diriger l'exécution.

Vers 1684, la Hire par ses nivellemens détermina que la Rivière d'Eure à Pontgouin, dix lieues au-delà de Chartres, étoit plus élevée de 110 pieds que le rez-de-chaussée du Château de Versailles, & qu'elle étoit 81 pieds au-dessus de la superficie du réservoir où l'on se proposoit d'amener l'eau de cette Rivière; il en résultoit donc évidemment la possibilité de la conduire à Versailles.

Ce grand ouvrage, dont on peut suivre la route sur la Carte de France de MM. de l'Académie des Sciences (1), commence à

(1) Feuilles de Chartres, d'Etampes & de Paris, qu'il est bon d'avoir sous les yeux.

Pontgouin, où, entre deux rochers, on a construit un ouvrage en mâçonnerie pour barrer
la Rivière, relever ses eaux, & les déterminer par ce moyen à couler dans le nouveau
Canal qui lui a été préparé; on a aussi construit un déversoir pour rejetter les eaux super-
flues. Le Canal qui est à fleur de terre dans
la longueur d'environ 20,000 toises, a une
pente proportionnelle à celle de 68 pieds qu'il
y a entre Pontgouin & l'Etang de Trapes; il
a 15 pieds de large dans son fond, & 8 pieds
de hauteur de bords. Il commence donc à
Pontgouin, passe au-dessous du Village de
Landelles, & entre ce dernier Village & le
Bourg de *Courville*, après plusieurs détours,
où il croise deux Vallons de peu de profondeur & de peu de largeur, il arrive à la
Fontaine Guion, Village au midi duquel il
passe; de-là se prolongeant vers *Saint-Aubin-
des-Bois*, *Bailleau-l'Evêque*, il traverse le
bois de *Dangers*, d'où il sort entre le *Château
de Senarmont* & le *Hameau de Tessonville*,
& par plusieurs détours aux environs de *Bri-
conville*, il traverse trois Vallons étroits &
peu profonds, de-là il se prolonge par *Sain-*

O iij

Germain de la Gatine vers *Saint-Pierre de Bercheres la Maingot.*

Dans cette première partie le Canal est à fleur de terre, excepté dans les cinq Vallons qu'il a fallu traverser. On a construit des ponts aux endroits où il est croisé par les chemins, quelques-uns de ces ponts passent sous le Canal, d'autres ne font que de simples aqueducs pour laisser écouler les eaux des Vallons: eaux qui font inférieures de 12, 14, 16, & 19 pieds à celles du Canal de la Rivière d'Eure, aux endroits où elles croisent sa direction.

La seconde partie du Canal commence à Saint-Pierre de Bercheres la Maingot, au point où le fond du Canal affleure la superficie de la terre, & que pour cette raison on appelle *Point à rien* de *Bercheres,* parce que dans ce lieu il n'a fallu ni creuser ni élever la terre pour faire le fond du Canal de la nouvelle Rivière d'Eure.

Cette seconde partie est une levée en terre de 3,900 toises de longueur, depuis le *Point à rien* de Bercheres jusqu'au raccordement de l'Aqueduc en terre avec celui en mâçonnerie, où la hauteur au-dessus du sol est de 66 pieds. La hauteur de cette levée, dont le dessus porte le Canal de la nouvelle Rivière, est variable à raison des inégalités du terrein & de son abaissement au-dessous de la ligne de pente du Canal. La largeur de cette levée, à sa partie supérieure où est le Canal de la nouvelle Rivière, est de 65 pieds, savoir 15 pieds pour la largeur du lit de la nouvelle Rivière dans son fond, 16 pieds pour la largeur horisontale des deux talus intérieurs ou bords, & 9 pieds de chaque côté pour chacune des chaussées qui bordent le Canal en terre : ces chaussées ou chemins qui sont au-dessus des bords du Canal ont 9 pieds de largeur, & un pied de pente vers le Canal. Dans toute sa longueur les talus extérieurs sont, ainsi que les intérieurs, reglés sur deux pieds de bâse pour chaque pied de hauteur : proportion qui assûre la solidité & la durée de ces ouvrages.

La troisième partie de l'ouvrage, que l'on nomme proprement l'*Aqueduc*, quoique ce nom doive convenir également à toute la conduite depuis Pontgouin jusqu'à Versailles, est conſtruite en mâçonnerie, elle eſt compoſée d'arcades.

On y diſtingue cinq ſortes de conſtructions ; la première diviſion, qui ſe raccorde avec la levée de Bercheres, conſiſte en 17 grandes arcades ſur une longueur de 147 toiſes ; ces arcades ont 39 pieds d'ouverture ; les piles qui les ſéparent, armées de contre-forts à leurs têtes, ont 25 pieds d'épaiſſeur ; les faces des piles ſont élevées à *fruit* d'un pouce par toiſe de hauteur, & celles des têtes des contreforts ont trois pouces de *fruit* par toiſe de hauteur. Cette première diviſion de la mâçonnerie a par un bout 64 pieds 9 pouces d'élévation, & par l'autre 78 pieds.

La ſeconde diviſion de la mâçonnerie à la ſuite de la précédente, eſt compoſée de doubles arcades, c'eſt-à-dire d'arcades conſtruites les unes au-deſſus des autres dans une longueur de 753 toiſes, ce qui forme deux étages d'arcades. Les arcades inférieures, au nombre de 70, ont chacune 40 pieds d'ouverture ; les piles, garnies de contre-forts, qui les ſéparent ont 24 pieds d'épaiſſeur, & ſont de même en leurs faces élevées à *fruit* d'un pouce par toiſe de hauteur. Les arcades supérieures, au nombre de 140, parce que deux de ces arcades répondent à une arcade inférieure, ont 17 pieds & demi d'ouverture ; les piles qui les séparent sont les unes épaisses, & montent du dessus des piles de l'étage inférieur, les autres minces & reposent sur les clefs des voûtes des arcades inférieures. Cette division de la maçonnerie a par un bout 78 pieds 2 pouces d'élévation, & par l'autre 127 pieds 3 pouces.

La troisième division de la maçonnerie, celle du milieu qui occupe le fond de la vallée de Maintenon dans une longueur de 501 toises, est composée de triples arcades, c'est-à-dire de trois étages d'arcades construites les unes au-dessus des autres. Le premier étage est composé de 47 arcades de 40 pieds d'ouverture, & de 78 pieds d'élévation sous les voûtes ; les piles armées de contre-forts qui séparent ces arcades, ont 24 pieds d'épaisseur, & sont élevées à *fruit* d'un pouce par toise d'élévation dans les deux faces de l'Aqueduc, & les contre-forts ont trois pouces de *fruit* par toise de hauteur en leurs têtes, & sont élevées à plomb en leurs faces, ainsi que les piles. La hauteur totale du premier étage est de 91 pieds 6 pouces.

Le second étage, composé de même de 47 arcades de même largeur que celles du premier étage, a 85 pieds d'élévation ; les piles qui les séparent ont aussi 24 pieds d'épaisseur, elles sont armées de contre-forts, & sont élevées à *fruit* en leurs faces comme celles du premier étage.

Le troisième étage, composé de petites arcades, dont deux répondent à une seule de l'étage au-dessous, a 43 pieds 6 pouces de hauteur, en sorte que la hauteur totale de ce grand ouvrage, dans le fond de la Vallée de Maintenon, est de 220 pieds. C'est le troisième étage qui porte le Canal enduit de ciment, dans lequel coule l'eau de la nouvelle Rivière. Ce Canal à 7 pieds 6 pouces de large par le haut, & 7 pieds par le bas, sur une profondeur de 4 pieds ; les deux corridors qui l'accompagnent ont 3 pieds 6 pouces de largeur en pente vers le Canal, qui est recouvert d'une voûte dans toute sa longueur. Les corridors ont un parapet ou garde-fou ;

les épaiſſeurs réunies de toutes ces parties forment 20 pieds ; ce qui eſt également la diſtance des faces du troiſième étage au-deſſus des
impoſtes des petites arcades. L'épaiſſeur du
ſecond étage au-deſſus des impoſtes eſt de 29
pieds , & celle du premier étage , meſurée
également au deſſus des impoſtes , eſt de 45
pieds.

La quatrième diviſion de la mâçonnerie eſt
compoſée de doubles arcades , ſemblables à
celles de la ſeconde diviſion. Les arcades inférieures , au nombre de 77 , dans une longueur
de 841 toiſes , ſont chacune ſurmontées de
deux petites arcades du troiſième étage , comme
dans les deux diviſions précédentes ; cette conſtruction en doubles arcades , a par un bout ,
du côté de Maintenon, 184 pieds de hauteur,
& par l'autre ſeulement 84 pieds.

La cinquième & dernière diviſion de la
mâçonnerie eſt compoſée de 11 grandes arcades , ſemblables à celles de la première diviſion. Ces 11 arcades occupent une longeur de
90 toiſes. La hauteur de cette conſtruction
du côté où elle ſe raccorde avec les conſtructions précédentes , eſt de 84 pieds , & par

l'autre bout où elle ſe raccorde avec la levée en terre de *Houdreville*, elle a 65 pieds 10 pouces de hauteur.

Il réſulte du détail dans lequel nous venons d'entrer, que la longueur totale de l'Aqueduc en mâçonnerie eſt de 2,311 toiſes ; qu'elle conſiſte au premier étage, dans le fond de la vallée de Maintenon, en 47 arcades de 45 pieds d'épaiſſeur d'une tête à l'autre, non compris les contre-forts, ni le *fruit* d'un pouce par toiſe de hauteur aux deux faces de l'ouvrage, ce qui donne, pour la longueur du corps quarré des piles au-deſſus du ſous-baſſement, ſur lequel les piles font retraite de 3 pouces dans tout leur pourtour, 46 pieds de longueur ; la longueur de cet étage eſt de 501 toiſes, non compriſes les deux ailes ou taſſeaux de mâçonnerie qui terminent cette partie de l'ouvrage.

Le ſecond étage conſiſte en 195 arcades de 29 pieds d'épaiſſeur, ſur une longueur de 2,074 toiſes. Dans cette épaiſſeur de 29 pieds ne ſont point compris les contre-forts, ni le *fruit* des faces de cet étage, reglé comme celui du premier. Au troiſième étage l'Aqueduc confifte en 390 petites arcades, dans la même longueur de 2,074 toifes. L'épaiffeur de cet étage, qui n'a point de contre-forts, eft de 20 pieds, non compris le *fruit* des deux faces toujours reglé à un pouce par toife de hauteur; ce qui fait pour les trois divifions du milieu 629 arcades, auxquelles il faut ajouter 28 grandes arcades, favoir, 17 du côté de la levée de terre de Bercheres, & 11 du côté de la levée de terre de Houdreville, fur laquelle l'eau vient paffer après avoir parcouru toute la longueur de la mâçonnerie; total 657 arcades entre les levées en terre de Maintenon & d'Houdreville. La pente depuis le *Point à rien* de Bercheres jufqu'à Houdreville eft d'environ 12 pieds, fur une longueur de 8,429 toifes, dont 2,311 toifes font occupées par l'Aqueduc en mâçonnerie.

Aux endroits où les différentes divifions de la mâçonnerie fe raccordent, on a pratiqué des efcaliers à vis pour monter au haut de l'Aqueduc, & de diftance en diftance d'autres efcaliers pour communiquer du fecond au troifième étage : les piles du fecond & du troifième étage d'arcades font percées en leurs flancs par une porte ceintrée, pour pouvoir communiquer d'une arcade à l'autre, & parcourir ainfi la longueur des trois divifions de la mâçonnerie conftruites à deux & trois étages ; le deffus des arcades eft couvert en glacis avec des dalles de pierres dures, pour faire écouler les eaux pluviales des deux côtés de l'Aqueduc. On a réfervé dans tout le pourtour des piles & dans les faces de cet ouvrage, des encorbellemens qui faillent d'un pied hors le nu des murs, pour recevoir des poutrelles de 8 à 10 pouces de gros, fur lefquelles on peut établir des échaffaudages folides & commodes à différentes hauteurs. Il y a 14 rangs de ces encorbellemens dans la hauteur de l'Aqueduc dans le fond de Maintenon.

Pour donner une idée de l'immenfité de cet ouvrage, nous avons calculé la quantité des toifes cubes de mâçonnerie qu'il contiendroit, fi les arcades étoient remplies en mâçonnerie ; nous avons fait abftration de celle des fondations, & de celle des contre-forts, que nous regardons comme faifant à-peu-près l'équivalent de celle qui rempliroit le vide

des arcades ; nous trouvons par approxima-
tion que la quantité de la mâçonnerie eſt de
255,000 toiſes cubes.

Pour faciliter le tranſport de cette énorme
quantité de pierres, Vauban, dont le génie
fécond en reſſources ſavoit ſurmonter les difficultés, comme il paroît par le grand nombre
d'ouvrages qui nous reſtent de lui, & conſtruits
pendant qu'il étoit Directeur-Général des for-
tifications ; Vauban, dis-je, imagina de rendre
la Rivière d'Eure navigable, ainſi que celle
d'*Epernon*, & le ruiſſeau de *Gaillardon*, par
pluſieurs écluſes, au moyen deſquelles les
matériaux d'Epernon, de *Nogent-le-Roi*, de
Gaillardon, près duquel eſt la grande carrière
de *Germonval*, d'où on tire la meilleure pierre,
pouvoient facilement être tranſportés au pied
de l'ouvrage ſur des bateaux pontés.

L'eau de la petite Rivière de *Voiſe*
qui deſcend d'*Auneau* & paſſe à Gaillardon,
n'étoit pas en quantité ſuffiſante, excepté dans
la ſaiſon des pluies, pour entretenir en pleine
navigation le Canal de Gaillardon, par lequel
on amenoit les pierres de la carrière de Germonval à Maintenon ; mais Vauban dériva,

par une rigole d'environ 10,000 toifes de longueur, une partie fuffifante de l'eau de la Rivière d'Eure, pour la conduire dans le biez fupérieur du Canal de Gaillardon ; ce biez eft prolongé jufques dans la carrière de Germonval, d'où les pierres fortoient toutes taillées pour être mifes en place à Maintenon, où les bateaux defcendoient par plufieurs éclufes dans les Canaux pratiqués dans la vallée de Maintenon, parallèlement aux deux faces de l'Aqueduc, & à environ 30 toifes de diftance de ces mêmes faces tant du côté d'Amont que du côté d'Aval.

Les deux Rivières qui paffent fous l'Aqueduc dans la prairie de Maintenon, favoir, la Rivière d'Eure qui paffe fous la 17e arcade en fuivant le cours de l'eau dans l'Aqueduc, & la Voife qui venant de Gaillardon paffe fous la 41e arcade, fourniffent l'eau aux deux Canaux parallèles à ce grand ouvrage.

Outre le Canal de Gaillardon, dans lequel il y a cinq éclufes, Vauban rendit navigable la petite Rivière de *Drouette*, qui defcend de la *Forêt de Rembouillet*, & paffe à Epernon, en la transformant en Canal au moyen

de

de fept éclufes jufqu'à fon confluent avec la Rivière d'Eure , entre Maintenon & *Nogent-le-Roi* , où la Rivière d'Eure commence à être navigable , & dans laquelle , entre Maintenon & Nogent-le-Roi , Vauban fit conftruire cinq éclufes. Au moyen de ces trois navigations artificielles qui fe réuniffent à Maintenon comme à un centre commun , Vauban embraffa une étendue de pays de plufieurs lieues , contrée dans laquelle les matériaux de toutes efpèces & de bonne qualité fe trouvent en abondance.

Tels font les travaux auxiliaires que Vauban fit conftruire , pour faciliter la conftruction du magnifique édifice de l'Aqueduc en mâçonnerie. Ces ouvrages auxiliaires fubfiftent encore , prefque dans leur intégrité , il n'y auroit que les portes des éclufes à refaire , & à débarraffer les biez des herbes & des rofeaux qui les ont encombrés.

Les terres pour former les levées de Bercheres & d'Houdreville , qui fe raccordent avec les grandes arcades en mâçonnerie , & qui font avec elles la continuation de l'Aqueduc , ont été prifes parallèlement aux levées ,

P.

mais à dix toises de distance des deux côtés de l'Aqueduc en terre, ce qui forme deux bermes de 10 toises de largeur dans toute la longueur de l'ouvrage. Les talus extérieurs de ces bermes sont réglés comme les talus extérieurs des levées, à raison de deux pieds de bâse pour chaque pied de hauteur & de profondeur, ce qui procure à ce grand ouvrage toute la solidité que l'on pouvoit desirer.

La levée de terre au delà des ouvrages en mâçonnerie, en suivant le cours de l'eau, levée qui forme la quatrième partie de l'Aqueduc, passe au - dessus du parc près de Maintenon, par le bois des Fourches, par le rocher & près d'Houdreville, de-là, en passant entre Bourguignon & Chagni, elle se prolonge vers la Haute-Maison, Cerqueuse & Craches, où, tournant à gauche, elle se prolonge vers la forêt des Ivelines, qu'elle traverse pour se rendre à l'étang de la Tour, qui est sur la lisière de cette forêt. Dans tout ce trajet, qui est de 13,875 toises, la hauteur de cette levée, à mesurer du fond du Canal au-dessus du sol, est variable comme les inégalités du sol, au-dessous de la ligne de pente de l'Aqueduc. Près du bois des Fourches sa hauteur est de 46 pieds 5 pouces ; dans le rocher elle est de 36 pieds 6 pouces ; vers Houdreville elle n'est que de 17 pieds 3 pouces 3 lignes ; dans la Haute-Maison de 11 pieds 3 pouces 3 lignes ; à Cerqueuse de 13 pieds 5 pouces 9 lignes ; près de Craches de 14 pieds, &c. avec une pente d'environ 21 pieds depuis la construction en maçonnerie, avec lesquelles elle se raccorde jusqu'à l'étang de la Tour.

De l'étang de la Tour les eaux coulent dans celui de Saint-Hubert par une rigole d'environ 3,450 toises, couverte en partie & en partie découverte ; de ce dernier étang dans l'étang de Trapes près de Versailles, les eaux suivent une semblable rigole longue d'environ 10,500 toises depuis l'étang de Saint-Hubert jusqu'à celui de Trapes. Cette rigole croise sept fois la grande route de Versailles à Rambouillet, avant d'arriver à l'étang de Bois-Robert au-dessus de Saint-Cyr : elle est couverte en partie & en partie découverte.

De l'étang de Trapes, élevé de 42 pieds au-dessus du rez-de-chaussée du Château de

Verfailles, l'eau s'écoule par des Aqueducs fouterreins ou rigoles couvertes, d'environ 6,000 toifes de longueur, avec une pente de 12 pieds dans les réfervoirs de Verfailles deftinés à la recevoir. Elle paffe fous la montagne de Satori, à travers laquelle on a fait un percement de 750 toifes de longueur, & à 14 toifes au-deffous du plus haut terrein de cette montagne ; des réfervoirs de Satori, l'eau paffe dans les réfervoirs de la bute de Montboron, & de-là dans d'autres réfervoirs d'où elle eft diftribuée dans les Jardins.

La pente totale de la nouvelle Rivière d'Eure, depuis Pontgouin jufqu'à l'étang de Trapes, eft de 68 pieds, fur une longueur d'environ 53,750 toifes, ou environ 25 lieues ; cette pente eft diftribuée uniformément dans toute cette longueur.

Ce grand & magnifique ouvrage, tel que nous venons de le préfenter, n'exifte encore qu'en partie (1). Nous avons cru que la defcrip-

____

(1) En 1684, & dans les années fuivantes, jufqu'en 1688, Louis XIV fit faire les travaux immenfes qui fubfiftent ; il y employa fes Troupes ; mais en

tion de l'ouvrage, tel que le célèbre Vauban l'avoit conçu, pourroit intéreffer nos Lecteurs; c'eft pourquoi nous l'avons préfenté comme s'il exiftoit en fon entier.

Ce fut à-peu-près vers le tems où l'on travailloit avec ardeur à ce fuperbe Aqueduc, que l'art de former des tuyaux de fer fondu, de 18 pouces de diamètre, fut inventé; on crut avoir trouvé dans ce moyen

1688 ces travaux furent abandonnés à caufe de la guerre qui furvint alors, & ils n'ont point été repris depuis. Les Troupes campérent le long des ouvrages; le camp étoit commandé par le Marquis d'Uxelles, & M. de Caillavel, Capitaine aux Gardes, y faifoit les fonctions d'Aide-Major.

Le 12 Juillet 1686 le Roi alla coucher à Maintenon, afin d'être plus près des ouvrages qu'il fait faire pour conduire la Rivière d'Eure à Verfailles; Sa Majefté qui les a vifités plufieurs fois pendant le féjour qu'elle y a fait, les trouva fort avancés, & donna de grandes louanges à M. de Louvois, dont l'incomparable activité a fait faire des chofes furprenantes pour l'avancement & pour la bonté de cet ouvrage, que ce Miniftre a été vifiter deux fois chaque mois, depuis environ deux ans qu'il eft commencé; Sa Majefté admira l'ouvrage de l'Aqueduc, auquel on travaille fur les deffins de M. Manfard. *Mercure de France.*

celui de diminuer confidérablement la dépenfe, en faifant paffer la Rivière d'Eure dans un certain nombre de ces conduites en fer, dif-pofées parallèlement le long du tracé du Canal, & en tirant cependant parti des ouvrages déjà conftruits. Ce fut dans cette intention qu'à l'extrêmité de la levée de Bercheres, où l'eau devoit arriver de Pontgouin, on conftruifit un puits d'un très-grand diamètre, & une voûte horifontale : de l'autre côté du fond de Ber-cheres, en tête de la levée de Maintenon, on conftruifit un femblable puits & une voûte en regard de la précédente : c'eft par ces puits & par-deffous les voûtes que devoient paffer les différentes files de tuyaux, formant fiphon renverfé dans le fond de Bercheres, profond de 100 pieds, & large de 712 toifes, entre les deux puits dont nous venons de parler. L'eau rendue par ces tuyaux auroit coulé dans le Canal de terre, pratiqué au-deffus de la levée de Maintenon dans une longueur de 2,185 toifes. Au bout de cette longueur on conftruifit un autre puits & une voûte ; c'eft par ce puits & fous cette voûte que devoient paffer de nouvelles conduites en fer, qui auroient formé le siphon renversé de Maintenon. A la sortie de la voûte les conduites en fer auroient été portées, dans une longueur de 773 toises, par la partie déjà élevée en terre, mais moins que selon le projet de Vauban ; & on construisit encore un puits & une voûte qui regarde du côté de Maintenon. Les conduites en fer auroient descendu par ce puits, qui est celui du *Buisson-Pomeraye*, que l'on voit près du grand chemin de *Chartres*, & en suivant la pente de la colline elles seroient venues passer sur le premier rang d'arcades, construites dans le fond de Maintenon, pour remonter la colline opposée, & se prolonger par Houdreville jusqu'à l'entrée de la *Forêt des Ivelines*. Ces conduites en fer, dans une longueur de 15,458 toises, auroient formé chacune un siphon renversé de 126 pieds de profondeur, soutenu par les arcades du premier étage déjà construites dans le fond de Maintenon.

Ce projet attribué, très-mal à propos sans doute, par quelques personnes à M. de Vauban, ne peut être de lui ; il suppose dans celui qui l'a présenté bien moins de connoissances des arts & de la Physique que n'en avoit ce grand homme. On ne doit l'imputer qu'au fondeur des tuyaux, ou à quelqu'un qui protégeoit cette fabrication naissante.

Comment en effet parvenir à rendre *étanche* une aussi longue conduite? Car en supposant chaque tuyau d'une toise de longueur, il y auroit 15,458 tuyaux mis bout-à-bout, ou le double de ce nombre si les tuyaux n'avoient eu que 3 pieds, comme on les fabriquoit alors, ainsi qu'on le peut voir à Marly, & aux conduites qui portent l'eau des réservoirs de Satori aux réservoirs de la bute de Montboron à Versailles. Dans le premier cas le nombre de *joints* eût été de 30,916, parce que les cuirs qu'on mettoit alors entre les deux bouts des tuyaux qu'on vouloit joindre, ont deux parements. Dans le second cas le nombre des joints seroit de 61,832. Comment concevoir que de telles conduites pussent rendre par un bout toute l'eau qu'elles recevroient par l'autre, sans avoir égard aux pertes inévitables par les joints qu'on ne pourroit parvenir à étancher parfaitement? Or, la somme de toutes ces pertes, quelque petites qu'elles fuſſent, devoit abſorber toute l'eau de la conduite, ſur-tout ſous une charge de 126 pieds. A préſent même que l'on ſait mieux faire les tuyaux, & mieux les aſſembler au moyen de couronnes de plomb entourées de fil d'étoupes goudronné (1), on auroit peine à rendre une auſſi longue conduite parfaitement étanche.

Mais une puiſſance de la Nature, une force irréſiſtible à laquelle tout l'art humain ne peut oppoſer que des efforts impuiſſans, rendroit toujours inutiles ces longues conduites en tuyaux de fer fondu, c'eſt la force de la chaleur, ce ſont ſes alternatives d'intenſité & de diminution. Il eſt connu que la chaleur ſolaire de nos beaux jours d'été fait allonger une toiſe de fer de demi-ligne environ au-delà de la longueur qu'elle a lorſque la température de l'air eſt à 10 dégrés du Thermomètre de

____

(1) C'eſt ainſi que ſont étanchées les conduites de fer que MM. Perrier ont poſées dans Paris, & elles ſont ſuffiſamment enfouies pour être à l'abri des effets du froid & de la chaleur. On peut avoir la plus parfaite confiance dans tout ce qu'exécuteront ces excellens Méchaniciens, dont on ne peut trop louer les lumières, l'honnété, le zèle & le courage.

Réaumur, & que le froid de 10, 14, 16 dégrés, tels qu'on en éprouve fréquemment en France, fait accourcir la même toise de demi-ligne environ ; c'est donc une variation d'environ une ligne sur la longueur de la toise, ce qui produiroit sur la longueur des conduites qui traverseroient le fond de Maintenon, entre le puits du Buisson-Pomeraye & l'entrée de la Forêt des Ivelines, une variation de longueur de plus de 100 pieds sur la longueur de 15,458 toises. On conçoit que cette variation de dilatation & de contraction, de la chaleur de l'été au froid de nos hivers, ne pourroit avoir lieu sans opérer la fracture de quelques-uns des tuyaux de ces conduites, & par conséquent sans rendre le reste inutile.

En effet les conduites en fer ou en plomb ne réussissent parfaitement bien, que lorsqu'elles sont assez profondement enterrées, pour conserver constamment une température à peu-près égale l'été & l'hiver, que lorsqu'elles sont entièrement à l'abri de la gelée à laquelle les conduites proposées pour Maintenon feroient annuellement exposées. Il faut donc rejetter ce moyen, qui n'a pu être proposé, comme nous l'avons dit, que par des personnes également ignorantes dans les Arts & dans la Physique, & s'en tenir aux ouvrages si bien conçus par Vauban; ouvrages qui, s'ils étoient achevés, fourniroient constamment & abondamment une eau pure & salubre pour les différens services, dont nous parlerons dans la suite.

Nous allons faire connoître quelles sont les parties de ce grand & magnifique ouvrage qui existent, celles qui restent à construire, & le parti qu'on pourroit tirer de ces travaux immenses s'ils étoient achevés.

Les ouvrages de la prise d'eau de la Rivière d'Eure à Pontgouin existent en leur entier, & sont en bon état; le Canal à fleur de terre depuis Pontgouin jusqu'au *Point à rien* de Bercheres-Lamingot, dans la longueur de 20,240 toises, n'auroit besoin que de quelques légères réparations, & de la construction d'un pont sous la grande route de Chartres à *Nogent-le-Rotrou*. Ce pont seroit construit entre *Courville & Landelles*, une seule arche de 15 ou 18 pieds d'ouverture entre ses culées, arche très-surbaissée, comme on fait en con-

ftruire à préfent, laifferoit à la nouvelle Rivière d'Eure un paffage fuffifant.

La feconde partie du Canal, la levée de
terre depuis le *Point à rien* de Bercheres jufqu'au vallon de Bercheres, dans la longueur
de 642 toifes, exifte & eft en bon état ; cette
levée commence à rien par un bout, & a 39
pieds 4 pouces d'élévation par l'autre vers le
vallon de Bercheres. Dans ce vallon, large de
306 toifes, & profond de 100 pieds dans
fon milieu, Vauban a propofé de conftruire
des arcades de fecond & troifième étage. Cette
partie de l'ouvrage eft encore à faire ; & nous
penfons qu'il feroit plus économique de remblayer cette vallée par une chauffée en terre.
Les terres pour former cette chauffée feroient
tirées de quatre atteliers différens, difpofés en
quart de cercle, & à 10 toifes de diftance des
levées exiftantes, dont les arcades propofées
par Vauban devoient opérer le raccordement.
La maffe de terre à remuer eft d'environ
200,000 toifes-cubes, ce qui fait pour chaque attelier 50,000 toifes, qui feroient tranfportées dans le fond de Bercheres, avec les
attentions fuivantes. Chaque attelier poufferoit

en avant une chauffée ; lorſque chacune des
deux chauffées oppoſées ſe réuniroient , elles
ne formeroient plus que deux chauffées parallèles à travers le vallon de Bercheres , & à
100 pieds environ de diſtance l'une de l'autre ;
elles laiſſeroient par conſéquent entr'elles un
vide dans lequel on introduiroit l'eau venant
de Pontgouin , en quantité ſuffiſante & à des
intervalles de tems réglés , pour que cette
eau détrempât & fît taſſer & conſolider les
terres. En répétant cette manœuvre autant de
fois qu'il ſeroit convenable , on parviendroit à
conſolider la levée du fond de Bercheres ,
autant & plus que le battage propoſé par
Vauban , & on épargneroit quelques toiſes ſur
la longueur du tranſport : la diſtance moyenne
du déblai au remblai de chaque attelier ſeroit
de 160 toiſes. On continueroit de même chaque année juſqu'à l'entière confection de la
levée de Bercheres.

Au-dela du fond de Bercheres eſt la levée
en terre qui ſe prolonge vers Maintenon.
Cette levée , dans une longueur de 3,072
toiſes , a , du côté de Bercheres , 44 pieds
d'élévation , & du côté de Maintenon , où

elle devoit fe raccorder avec les hautes arcades, 64 pieds 9 pouces de hauteur. Cette levée exifte en partie ; dans la longueur de 2,185 toifes, elle eft élevée à la hauteur qu'elle devoit avoir, & dans le refte elle n'a que la moitié de l'élévation prefcrite par Vauban ; élévation que détermine la ligne de pente générale, depuis Pontgouin jufqu'à l'étang de *la Tour*.

Dans la troifième partie de la conduite de la nouvelle Rivière d'Eure, c'eft-à-dire l'Aqueduc en mâçonnerie, il refte à conftruire les arcades du fecond & du troifième étage, dans une longueur de 2,074 toifes, & encore les hautes arcades aux deux extrêmités pour raccorder la mâçonnerie avec les levées en terre de Bercheres avant Maintenon, & avec la levée en terre d'Houdreville au-delà de Maintenon, ce qui formeroit une longueur totale de mâçonnerie de 2,311 toifes.

Les arcades du premier étage de l'Aqueduc dans le fond de Maintenon, arcades qui font au nombre de 47, les feules qui aient été conftruites, exiftent & occupent dans le fond de la vallée de Maintenon une longueur

de 501 toifes, non comprifes les culées ou
taffeaux de mâçonnerie qui devoient fervir de
fondemens à plufieurs des arcades du fecond
étage. Il refte donc à conftruire 195 arcades
du fecond étage, & 390 arcades du troifième
étage, & encore 28 hautes arcades aux deux
bouts de l'Aqueduc en mâçonnerie. Ces conftructions, dans lefquelles il entreroit environ
200,000 toifes-cubes de mâçonnerie, en fuppofant les arcades pleines, font l'article le
plus difpendieux des ouvrages qui reftent à
faire pour parachever cette grande entreprife,
que Louis XIV n'a pas jugée au-deffus de
fes moyens, & que Vauban avoit facilitée par
les navigations artificielles qu'il a établies aux
environs de Maintenon.

Comme l'eau eft d'une néceffité abfolue
dans les conftructions en mâçonnerie, & qu'il
feroit trop difpendieux de la faire monter du
fond de Maintenon au pied de chaque pile
des arcades du fecond étage, tant celles qui
porteroient fur les piles des arcades du premier étage, que celles qui repoferoient fur le
fol, nous propofons de conftruire en bois un
Canal à travers le fond de Bercheres. Ce

Canal recevroit les eaux de la Rivière d'Eure venant de Pontgouin par la chauffée ou levée de Bercheres, pour les porter fur la levée de Maintenon.

Ce Canal formé de longs madriers de fapin ou platsbords, feroit fupporté dans toute la largeur de la vallée de Bercheres par des chevalets de charpente , en attendant que cette vallée pût être entièrement remblayée; de-là l'eau couleroit fur la levée de Mainte-non , & defcendroit par une rigole inclinée & voifine des arcades à conftruire de ce côté de la vallée de Maintenon , pour paffer dans un Canal en bois qui feroit placé fur les arcades déjà conftruites. Il feroit difpofé de manière à paffer par les portes que l'on doit réferver dans les piles du fecond étage de l'Aqueduc, ce qui fourniroit à chaque attelier l'eau néceffaire pour les différens fervices ; car chaque pile peut être regardée comme un attelier féparé. Lorfque les voûtes du fecond étage feroient conftruites, on remonteroit le Canal en bois au-deffus de ces voûtes, il pafferoit de même par les portes à pratiquer dans les piles du troifième rang d'arcades, & y refteroit jufqu'à

l'entier

l'entier parachèvement du Canal en mâçonnerie, dans lequel doit paſſer la Rivière d'Eure à 220 pieds d'élévation au-deſſus de la prairie du fond de Maintenon.

On pourroit auſſi ſuppléer le Canal en bois, dont nous venons de parler, par une machine à feu placée dans le fond de Maintenon, qui éleveroit ſur les deux collines l'eau néceſſaire aux conſtructions, juſqu'au pied des deux levées en terre de Maintenon & d'Houdreville qui ſe raccordent avec les arcades. L'eau ſeroit élevée ſur les deux collines à la hauteur de 160 pieds, d'où, en deſcendant le long du penchant des deux collines, elle parviendroit facilement à chaque attelier particulier.

Nous penſons auſſi que pour l'enduit du Canal en mâçonnerie de cet Aqueduc, & pour boucher les fentes qui pourroient ſe rencontrer dans la maſſe des rochers à travers leſquels on peut ſe propoſer de faire des percemens, on ne peut rien faire de mieux que d'employer le ciment propoſé par M. de la Faye. Le Canal en mâçonnerie revêtu de ce ciment ſeroit inaltérable ; & quant aux fentes

Q

de rochers ou de terreins, quelques arceaux de briques ou même de pierres du pays appuyés fur les deux faces des fentes des rochers ou des terreins, fuffiroient pour porter le ciment, & alors les eaux n'iroient point fe perdre dans l'intérieur des terres.

La très-précieufe découverte de ce ciment fut publiée en 1777 & 1778 (1), par **M.** de la Faye, dont les lumières en plus d'un genre font très-connues, & on ne peut confidérer qu'avec autant de furprife que de regret qu'elle ait été auffi négligée. On doit de la reconnoiffance à M. Fleuret, Profeffeur d'Architecture Militaire, à l'Hôtel Royal Militaire, d'avoir reveillé à cet égard l'attention publique. Cet homme de mérite, dont les travaux font dignes d'être connus, & dont les

---

(1) Recherches fur la préparation que les Romains donnoient à la chaux dont ils fe fervoient pour leurs conftructions, & fur la compofition & l'emploi de leurs matières ; par **M.** de la Faye, Tréforier-Général des Gratifications des Troupes : Paris, de l'Imprimerie Royale. 1777.

Mémoire pour fervir de fuite aux Recherches, &c. par le même : auffi de l'Imprimerie Royale, 1778.

recherches promettent beaucoup, nous a adreſſé
ſur l'article de ce ciment de M. de la Faye
une Lettre, que nous ſommes perſuadés que
nos Lecteurs ſeront très-aiſes de trouver ici,
& que nous l'avons engagé à rendre publique
par la voie des Journaux, nous la placerons à
la fin de ce Volume.

La quatrième partie de la conduite de la
nouvelle Rivière d'Eure, la levée d'Houdreville, eſt en partie exhauſſée ; mais la portion
de cette partie de l'ouvrage qui doit traverſer
la Forêt des Ivelines pour arriver à l'Etang
de la Tour, n'eſt point encore excavée. La
profondeur de l'excavation à faire, dans une
longueur d'environ 2,000 toiſes, eſt variable
comme les inégalités du terrein de la Forêt
des Ivelines ; elle eſt de 4, 6, 8, 12, 15,
pieds de profondeur.

Le reſte de la conduite, depuis l'Etang
de la Tour juſqu'à Verſailles, eſt entièrement achevé depuis long-tems, & eſt en bon
état.

Du parti que l'on pourroit tirer de l'Aqueduc
de Maintenon s'il étoit achevé.

L'exécution de ce magnifique projet, qui
surpasse peut-être tout ce que les Romains
ont fait de plus grand & de plus majestueux,
honoreroit les Fastes de Louis XVI, & ajou-
teroit un nouveau genre de gloire à tous ceux
dont la Nation a droit d'espérer de se couvrir
pendant le long règne d'un Roi qui, monté
sur le Trône presque en sortant de l'enfance,
n'a jamais annoncé d'autre passion que celle
de faire le bonheur & d'assurer la grandeur &
la puissance de son Peuple.

Mais ce n'est point à la vaine ostentation
de sa puissance que ce Prince, économe de
l'argent de ses Sujets, sacrifieroit les sommes
considérables qu'exigeroit encore cette entreprise. Inutilement lui présenteroit-on les agré-
mens que par ce moyen il pourroit procurer
à l'Habitation qu'il s'est choisie, & qui paroît
lui être chère ; inutilement lui feroit-on voir
les eaux jaillissantes & les autres artifices hydrauliques que les eaux de la Rivière d'Eure,

qui defcendroient à Rambouillet de plus de 100 pieds de hauteur, pourroient faire mouvoir dans fes Jardins, & les avantages d'une eau falubre & courante : ce font des confidérations plus preffantes fur fon cœur paternel qui pourront feules l'émouvoir.

Cette Rivière d'Eure, dont nous verrons bientôt un autre ufage plus important encore, parce qu'il feroit plus étendu, fourniroit aux Habitans de Verfailles un cours d'eau parfaitement faine & pure, & qui fuffiroit non-feulement à tous leurs befoins, mais encore à tous ceux pour lefquels les eaux élevées par la Machine de Marly font préfentément infuffifantes ; alors le bras de Rivière deftiné à cette Machine pourroit être confacré tout entier à l'objet que nous avons propofé, à l'établiffement des Moulins ; ou, fi on vouloit encore que les eaux de la Seine montaffent à Marly, la Pompe à feu que nous avons propofée feroit moins chère à conftruire & à alimenter, puifqu'elle auroit beaucoup moins d'eau à fournir.

Mais c'eft fur Paris, fur cette Ville immenfe que nous aurions bien droit d'appeler

la Ville , nom par lequel les Romains diftin-
guoient la Capitale de leur Empire , c'eft fur
Paris que les yeux paternels du Roi fixent leurs
regards les plus attentifs.

Or par les nivellemens de la Loire faits en
1684, & rapportés dans le Traité du nivellement de Picard , il eft conftant que le rez-
de-chauffée du Châteu de Verfailles, auquel
on a rapporté tous ces nivellemens , eft plus
élevé que le fol de l'Eglife de Notre-Dame
à Paris de 328 pieds; il s'enfuit donc que les
réfervoirs de Satori font plus élevés que ce
même fol de 358 pieds, & qu'ils font plus
élevés que le fommet des tours de la même
Eglife de 154 pieds , puifqu'elles ont 204
pieds d'élévation; il eft donc de toute évidence
que l'eau de la Rivière d'Eure , prife aux
réfervoirs de Satori, pourroit être amenée
dans les quartiers les plus élevés de cette
grande Ville , fi elle obtenoit de la bonté du
Roi la conceffion d'une partie de cette eau ,
qui dans ces réfervoirs eft plus élevée que
l'Eftrapade, le plus haut quartier de Paris de
214 pieds. Pour que l'eau de la Rivière
d'Eure parvînt dans toute fa pureté à cette

grande Ville, il faudroit qu'elle ne traversât aucun des Etangs qui se rencontrent sur sa route, savoir l'Etang de la Tour entre la Forêt des Ivelines & celle de Rambouillet, l'Etang du Peray, celui de Saint-Hubert, celui de Trapes, où commence la vallée de la Rivière de Bievre, & les Etangs de Bois-d'Arcy & de Bois-Robert, au dessus de Saint-Cyr; ce qui est facile en faisant passer le Canal de la nouvelle Rivière d'Eure sur les chaussées de ces Etangs, dans lesquels, lorsqu'il en seroit besoin, on pourroit verser une partie de son eau au moyen des ouvrages convenables, sans que la portion destinée pour la Ville de Paris cessât jamais de couler. Il ne resteroit donc à construire que l'Aqueduc depuis Versailles jusqu'à Paris, si celui de Maintenon étoit achevé, pour fournir à cette grande Ville une quantité suffisante & même surabondante d'une eau pure & salubre, qui couleroit jour & nuit sans jamais éprouver aucune interruption.

La conduite pour Paris, à commencer aux réservoirs de Satori, descendroit par le vallon qui va de Versailles à Buc, passeroit sous & à travers de la culée de l'Aqueduc, construit en ce lieu pour conduire à Verſailles les eaux des Étangs de Saclé. Elle ſuivroit enſuite la vallée de la Bievre, en paſſant au-deſſus de Joui & de Bievres ; de-là, en tournant à gauche dans le vallon de l'Abbaye aux Bois, la conduite viendroit rencontrer le percement de 4 ou 5 pieds de large & de 6 pieds de hauteur qu'il conviendroit de faire à travers la montagne ſur laquelle eſt le Bois de Verrieres, pour déboucher ou dans la gorge du Pleſſis-Piquet ou dans le vallon de Clamart ſous Meudon, & de-là ſe prolonger dans la plaine de Montrouge, où, & à une hauteur convenable, on creuſeroit & on conſtruiroit le grand réſervoir deſtiné à la recevoir, & à la diſtribuer dans les différens quartiers de cette Ville par des conduites particulières ; l'eau de la Rivière d'Eure n'entreroit dans le réſervoir de la plaine de Montrouge, qu'après avoir traverſé des filtres de ſable & de cailloux, diſpoſés convenablement & en nombre ſuffiſant pour procurer à l'eau toute la limpidité, toute la pureté que l'on pourroit deſirer.

Cette conduite feroit voûtée dans toute ſa longueur, qui, meſurée ſur la grande Carte des environs de Paris, feroit d'environ 10,000 toifes, avec plus de 200 pieds de pente (1). L'eau de la Rivière d'Eure viendroit donc de 30 lieues apporter dans cette grande Ville la propreté & la falubrité qui y font fi défirables encore.

L'ufage auquel on pourroit deftiner une partie de ces eaux pour Rambouillet, ne nuiroit point à ce fervice public, elles font affez abondantes pour fuffire à tout. On pourroit feulement, pour ménager l'eau, fi on le croyoit néceffaire, fermer la vanne de la prife d'eau pour Rambouillet lorfque cette eau y deviendroit inutile, parce que le Roi n'iroit point à ce Château ; mais je perfifte à penfer qu'il n'y auroit jamais à craindre que l'eau

---

(1) La conduite d'eau pour Paris pourroit auffi être dirigée dans une autre vallée que la vallée de la Bièvre dans une partie de fon cours dans celle où paffe la route de Verfailles ; l'Aqueduc pafferoit par le petit Montreuil, par les environs de Porche-Fontaine, de Chaville, pour, & au moyen d'un percement à faire fous le Parc de Meudon, déboucher également dans le vallon de Clamart pour arriver dans la plaine de Montrouge.

manquât à aucun des ufages auxquels nous venons de la deftiner.

Nous ne comparerons point ce projet à celui d'amener l'Yvette à Paris ; nous n'infifterons point d'une part fur l'abondance des eaux de la Rivière d'Eure, fur la falubrité de cette eau, fur le foible volume du courant de l'Yvette, fur l'infalubrité de fon eau, qui fortant de terreins fablonneux à la vérité, traverfe dans fon cours des terreins fangeux & des marais. Une feule objection, ou plutôt (car on ne peut ici fe fervir de ce terme) une feule difficulté s'élève contre notre projet ; & ce fut la confidération de cette difficulté qui feule détermina le célèbre M. de Parcieux, ce Savant fi diftingué par fes lumières, cet excellent citoyen fi refpectable par fon amour pour le bien publïc, à propofer d'amener l'Yvette à Paris ; il vouloit faire le bien, ne pouvant faire le mieux. Nous foumettons avec confiance nos idées à l'héritier de fon nom & de fes vertus.

Il ne faut point perdre de vue que c'eft pour la Capitale de l'Empire, pour une Ville qu'habitent peut-être un million d'hommes, que

nous propofons un projet d'une fi grande importance. Toutes les petites difficultés, les
petites économies, difparoiffent devant cette
impofante confidération ; que l'on ne balance
donc point ici, 7 millions que MM. Perronet
& de Chézy ont cru néceffaires pour amener
l'Yvette à Paris, ou, fi l'on veut, 2 ou 3
millions fuivant de nouveaux Calculateurs,
avec 20, 25 ou même, fi l'on veut encore,
30 millions que coûteroit la conduite de la
Rivière d'Eure ; que l'on penfe aux avantages
que procureroit l'une ou l'autre de ces Rivières, voilà ce qu'il faut pefer. Que l'on penfe
que les générations futures calculeront éternellement ces avantages refpectifs ; qu'elles
béniront éternellement la mémoire du Prince
à qui elles devront ces avantages ineftimables,
inappréciables en argent, ou qu'elles impute-
ront à notre fiècle non-feulement de ne les leur
avoir pas affurés, mais même d'avoir, par une
opération mal faite & vue en petit, diminué
la puiffance des motifs qui provoquoient à la
faire plus en grand. Un grand mal appelle,
follicite & obtient enfin un grand remède ; il
fe prolonge, il fe perpétue même lorfqu'il

n'eſt que diminué. Oublions, lorſqu'il s'agit de la ſalubrité de Paris & de la ſanté de mille & mille générations, la meſquine économie qui ne convient qu'à de petits intérêts. Le projet de la Rivière d'Eure dût-il coûter 30 millions de plus que celui de l'Yvette, je maintiens qu'il devroit être préféré ; & très-certainement je ne ſerai ni entrepreneur de cette opération, ni intéreſſé en aucune eſpèce de manière dans les bénéfices qu'elle doit produire à ceux qui en ſeront chargés, motif qui dans ce ſiècle influe ſi puiſſamment ſur les faiſeurs de projets, & qui me ſera toujours parfaitement étranger dans tous ceux que je préſenterai ; je déclare très-formellement que, ſi on croyoit mes lumières utiles, je les offrirois avec zèle : mais que dans la manière dont je les conſacrerois, leur emploi ne pourroit jamais être pour moi d'aucune utilité. Une grace du Roi, motivée pour ſervice rendu, quelle que fût cette grace, eſt infiniment préférable à des tréſors dont on n'ôſeroit faire connoître la ſource.

Nous ne prétendons point donner un devis exact de la dépenſe que coûteroit cette magni-

fique entreprise, on sent que ce devis exigeroit des calculs très-multipliés, à cause des
inégalités des terreins à remblayer, & des dis-
tances auxquelles il faudroit aller chercher les
terres des remblais; les prix auxquels nous
évaluerions ces travaux, & ceux des constructions pourroient paroître beaucoup trop foibles
à plusieurs personnes. Enfin il n'est point ici
question de dresser ce devis; nous ne nous
livrerions aux travaux qu'il exige, que si le
Ministère nous ordonnoit de le lui présenter.

Cependant pour satisfaire notre curiosité,
nous avons fait des apperçus sommaires de
tous les différens ouvrages, & il résulte de ces
apperçus que la dépense totale pourroit monter entre 25 & 27 millions; l'eau de la Rivière
d'Eure étant conduite jusqu'au Parvis de Ste.
Géneviève. Que l'on compare cette dépense
avec celle à laquelle monteroit la conduite de
la Rivière d'Yvette, qui sera, dit-on, de 7
millions; on trouvera d'un côté 20 millions
de dépense de plus, j'en conviens; mais de
l'autre on verra Paris abondamment approvi-
sionné d'une eau très-pure, très-salubre, Versailles fourni d'eau pour ses Habitans & pour

les Jardins du Château, Rambouillet jouïſſant de tous les mêmes avantages, & la France ſe glorifiant du plus beau monument qui exiſteroit dans ce genre. Enfin ne vaut-il pas mieux dépenſer 27 millions pour s'aſſurer à jamais de tous ces effets précieux, que d'en dépenſer 7 pour une opération qui n'en préſente aucun qui ſoit ſatisfaiſant ?

En voilà aſſez ſur ce projet, un autre va s'offrir encore aux yeux des Adminiſtrateurs de la Nation. On ne peut trop multiplier ſous leurs regards les moyens de faire le bien, peut-être dans le nombre y en aura-t-il qui préſente à l'amour du bien public, dont on ne peut douter qu'ils ſont animés, plus de facilité pour l'exécution. J'aurai au moins prouvé mon zèle, j'aurai fait connoître l'emploi de mon rems, & l'uſage auquel je conſacre ma vie. C'eſt ce bonheur que doivent envier tous ceux qui n'en jouïſſent pas, & que perſonne ne peut enlever à celui qui a ſu ſe le procurer ; les générations qui ſuivront celle à laquelle il aura parlé, le jugeront encore, & lui accorderont au moins de l'eſtime lors mêmè qu'il n'auroit pas mérité des éloges.

*Expofition du fecond moyen de procurer à la
Ville de Paris une quantité furabondante
d'eau pure & falubre, dont le cours fera
perpétuel, & qui pourroit être diftribuée dans
tous les quartiers de cette grande Ville* (1).

Si, malgré tout ce que nous venons de dire
pour déterminer à conduire à Paris les eaux
de la Rivière d'Eure, la confidération des
dépenfes qu'exigeroit ce beau projet pouvoit
faire renoncer pour jamais à parachever l'A-
queduc de Maintenon, & à abandonner ainfi
un monument plus magnifique qu'aucun de
ceux que les Romains même aient jamais pro-
jettés dans ce genre, & cela en perdant fans
retour le fruit des grandes dépenfes faites pour
les conftructions qui exiftent, on pourroit encore

____

(1) Pour fuivre avec facilité les détails dans lefquels nous allons entrer, il eft bon d'avoir fous les
yeux les feuilles de la Carte de France, publiées par
l'Académie Royale des Sciences ; n°. 1, 7, 8 &
9, qui font les feuilles de Paris, Etampes, Orléans
& Briare.

pour suppléer aux eaux de la Rivière d'Eure, amener celle d'un autre fleuve, dont les qualités sont au-dessus de tout doute : la Loire réunit tous les avantages qu'il paroît possible de desirer Ce grande fleuve en effet descend de hautes montagnes granitiques ou volcaniques, ainsi que l'Allier ; ils coulent l'un & l'autre sur un lit de roc ou de sable vitrifiable. La grande rapidité de ces fleuves, effet de la grande déclivité de leurs lits, mêle en abondance à leurs eaux l'air atmosphérique, ce qui leur ôte la crudité qu'ont ordinairement les eaux des sources. Par ces raisons, & par plusieurs autres, nous pensons être autorisés à regarder l'eau de la Loire, mêlée à celle de l'Allier, comme éminemment salubre.

Ces choses présupposées, il falloit déterminer la possibilité de pouvoir dériver une quantité suffisante de l'eau de la Loire, & celle de l'amener à Paris à portée des quartiers les plus élevés de cette Ville. Or, ces possiblités résultent évidemment des nivellemens faits par le célèbre Picard, dans les années 1674 & 1678.

Ce savant Géomètre fit ces divers nivelle-mens

mens par ordre du Roi , pour déterminer fi le projet de **M. Riquet** (illuftré par le Canal de jonction des deux Mers , connu fous le nom de Canal de Languedoc) d'amener à Verfailles les eaux de la Rivière de Loire étoit poffible ou non.

Picard fit fes nivellemens depuis le rez-de-chauffée du Château de Verfailles , Cour de Marbre , jufqu'à la Rivière de Seine à Sève. Il trouva que la Rivière de Seine, qui étoit alors fort baffe , étoit abaiffée au-deffous du rez-de-chauffée du Château de Verfailles de 60 toifes & demi, ou de 363 pieds ; ce qui fut vérifié en allant & en venant. Il examina enfuite le cours de la Seine depuis Sève jufqu'à Valvin près Fontainebleau , & il trouva que les eaux à Valvin étoient plus hautes qu'à Sève de 8 toifes & demi ou de 51 pieds , dont 8 pieds pour la pente depuis Sève jufqu'à Paris , 18 pieds depuis Paris jufqu'à Corbeil , & 25 pieds depuis Corbeil jufqu'à Valvin ; où elles fe trouvent ainfi plus élevées qu'à Paris près le Pont Notre-Dame de 43 pieds , & feulement de 16 pieds plus hautes que le pavé de l'Eglife de Notre-Dame de Paris , fol auquel nous rédui-

R

rons tous les nivellemens dont on parlera dans la suite.

Les nivellemens furent continués depuis Valvin, par Moret, jusqu'à Montargis, où l'on trouva qu'on étoit monté de 16 toises ou 96 pieds, qui, ajoutés aux 16 pieds dont Valvin est plus élevé que le sol de l'Eglise de Paris, établissent que la Rivière de Loing à Montargis, au bas de la première écluse du Canal de Briare, est plus élevée que le sol de l'Eglise de Notre-Dame de 112 pieds.

Arrivé au Canal de Briare, on ne fit que mesurer les sauts des écluses, qui sont au nombre de 28, jusqu'au biez de partage, formant ensemble 42 toises de hauteur ou 252 pieds; ajoutant ce nombre à la hauteur de Montargis, au-dessus du sol de l'Eglise de Paris, on a 364 pieds pour la hauteur du biez de partage du Canal de Briare, au-dessus du sol de l'Eglise de Notre-Dame.

On descendit ensuite vers la Loire à Briare, en mesurant les sauts des écluses qui de ce côté sont au nombre de 14, depuis le biez de partage jusqu'à la Loire, & on trouva qu'il y avoit 17 toises de pente ou 102 pieds.

Retranchant ce dernier nombre des 3 64 pieds, hauteur du biez de partage, il reſtera 262 pieds pour la hauteur de la Loire à Briare, au-deſſus du ſol de l'Egliſe de Notre-Dame de Paris; & comme la hauteur des tours de cette Egliſe eſt de 204 pieds, retranchant encore ce nombre des 262 pieds, hauteur de la Loire à Briare, il reſtera 5 8 pied sdont la Loire eſt plus élevée que le ſommet des tours de Notre-Dame, d'où il ſuit évidemment que la Loire eſt plus élevée qu'aucun des quartiers de cette Capitale, puiſque les tours de Notre-Dame les dominent tous.

Par d'autres nivellemens le long de la Loire, Picard a déterminé les abaiſſemens de divers endroits au-deſſous de Briare, entre cette ville & Orléans. De l'embouchure du Canal de Briare, qui n'étoit point alors à Rivotte, mais plus près de Briare ; la pente de la Loire en deſcendant eſt de 10 pieds juſqu'à Gien, de Gien à la Rocolle encore 10 pieds, de la Rocolle au Port-la-Ronce près Château-Neuf 42 pieds, du Port-la-Ronce à Jargeau 10 pieds, & de Jargeau à Orléans 19 pieds, ſomme totale 91 pieds dont

la Loire à Orléans eſt plus baſſe qu'à Briare ;
elle eſt par conſéquent à Orléans 33 pieds plus
baſſe que le ſommet des tours de Notre-Dame.

Entre Briare & Orléans il y a donc un
point de la Loire qui ſe trouve de niveau
avec le ſommet des tours de Notre-Dame,
ſommet qui eſt plus élevé que l'Eſtrapade, le
plus haut quartier de Paris, de 60 pieds. Nous
avons penſé qu'un aqueduc, dont l'origine
avoiſineroit ce point, auroit une pente ſuffiſante pour amener l'eau de la Loire juſques
ſur le quartier le plus élevé de Paris. Il reſtoit donc à examiner les terreins entre la Loire
& la Seine, par où il ſeroit poſſible de faire
paſſer l'aqueduc de dérivation des eaux de la
Loire avec le plus de facilité & le moins de
dépenſe ; & nous nous ſommes déterminés
pour le point de la Loire qui eſt vis-à-vis
Ouzouër ſur Loire, entre Gien & Sully,
quatre lieues au-deſſous de Gien, & deux
lieues au-deſſus de Sully. C'eſt-là où ſera la
priſe d'eau.

Ce point d'Ouzouër ou de la priſe d'eau
de l'aqueduc, eſt plus élevé que le ſommet
des tours de Notre-Dame de 29 pieds, & par

conséquent de 233 pieds au-dessus du pavé de cette Eglise. Il est aussi plus élevé que l'Estrapade, le plus haut quartier de Paris, de 89 pieds. La pente de l'aqueduc à construire, est donc plus que suffisante pour y conduire les eaux de la Loire, par un trajet en ligne droite d'environ 33 lieues.

Par d'autres nivellemens, faits en 1678, mais par une route différente de celle du Canal de Briare, par la vallée où coule la Rivière d'Essonne, Picard a déterminé la hauteur de divers points dans cette vallée. Il reprit le nivellement à Corbeil, & trouva, en remontant, de Corbeil à Essonne 22 pieds, d'Essonne à Ormoi 21 pieds, d'Ormoi à la Ferté-Aleps 31 pieds, de la Ferté à Maisse, toujours en remontant, 19 pieds, de Maisse à Malsherbes 27 pieds, de Malsherbes à Angerville 17 pieds & demi, d'Angerville à Pethiviers 71 pieds & demi, de Pethiviers au plus haut terrein de la forêt d'Orléans, dans la route de Jargeau, 154 pieds. Réduisant ces différens lieux au niveau du sol de la Cathédrale de Paris, on trouve qu'Essonne est plus élevé que ce même sol de 13 pieds, Ormoi de 34 pieds, la Ferté-Aleps de 65 pieds, Maiffe de 84 pieds, Malsherbes de 111 pieds, ce qui ne diffère que d'un pied en moins de la hauteur de Montargis au-deffus du même fol de l'Eglife de Paris; Angerville eft élevé de 128 pieds & demi, & Pethiviers de 200 pieds au-deffus du fol de Notre-Dame; Pethiviers eft par conféquent 4 pieds plus bas que le fommet des tours de cette Eglife : & le plus haut terrein de la forêt entre les étangs de la Cour-Dieu dans la forêt d'Orléans, eft élevé de 118 pieds au-deffus de la Loire vis-à-vis d'Ouzouër, où doit être la prife d'eau de l'aqueduc.

De ces divers nivellemens, & de plufieurs autres que nous omettons, & qu'on trouve dans le Traité du nivellement de Picard, publié par la Hire, il réfulte que le terrein compris entre la route d'Orléans à Paris & la Rivière d'Effonne, terrein qui s'étend du Midi au Nord, & qui eft renfermé du côté du Midi par la crête qui fépare le baffin de la Loire de celui de la Seine, & du côté du Nord par la Seine entre Corbeil & Paris, forme un quadrilatere ou plan incliné qui a deux pentes, l'une du Midi au Nord depuis la Mont-Joie (1) jufqu'à Paris, & l'autre du Couchant au Levant depuis la route d'Orléans jufqu'à la Rivière d'Effonne. Si donc on conçoit un plan incliné feulement du Midi au Nord, qui paffe par la prife d'eau en Loire vis-à vis d'Ouzouër, & par la fuperficie du réfervoir à conftruire en face de l'Obfervatoire de Paris, ce plan incliné coupera la furface du terrein quadrilatere compris entre la route d'Orléans & la Rivière d'Effonne en divers points, par lefquels on devra diriger l'aqueduc, dont la pente totale, depuis Ouzouër jufqu'à l'Eftrapade, fera de 89 pieds.

Mais dans le trajet entre Ouzouër fur Loire & Paris, il fe trouve des terreins trop élevés, pour qu'on puiffe efpérer de les trancher, il conviendra donc de faire un percement à travers ces terreins, qui forment la crête qui fépare le baffin de la Loire de celui de la Seine. Ce percement fera dirigé d'Ouzouër vers Lorris, & paffera à différentes profon-

____

(1) *La Mont-Joie*, Château entre Cercottes & Orléans, à l'entrée de la Forêt, en venant de cette Ville vers Paris.

R

deurs fous la partie orientale de la forêt d'Orléans, fa longueur fera d'environ 7,000 toifes,
que l'on excavera par des puits efpacès de
50 en 50 toifes. Il y a tout lieu de préfumer
que l'on rencontrera la roche calcaire fous le
terrein de la forèt, ce qui difpenfera de conftruire des voûtes dans cet aqueduc fouterrein.

Le baffin de la prife d'eau en Loire près
d'Ouzouër, fera féparé de la Loire par une
chauffée, fous laquelle fera un pont pour y
laiffer entrer l'eau de la Loire. Il fera creufé
de 5 ou 6 pieds au-deffous du niveau des plus
baffes eaux de ce fleuve, afin que dans tous
les tems l'eau de la Loire y puiffe entrer. -
Dans les culées du Pont, fous la chauffée,
on pratiquera des rainures ou couliffes verticales qui defcendront jufqu'au radier, afin de
pouvoir fermer l'ouverture du pont par des
madriers jointifs, qui defcendront horizonta-
lement dans ces couliffes. En face du pont
dont on vient de parler, du côté de la colline,
il fera conftruit un pavillon ou château d'eau
de grandeur & de forme convenables ; c'eft
dans la face de ce pavillon, adoffée à la colline,
que fera l'ouverture de l'aqueduc fouterrein ;
cette ouverture fera fermée par une vanne de

fer, mobile dans des feuillures verticales pratiquées dans l'intérieur du pavillon , & en face de l'arcade du mur opposé, arcade qui fera face à celle du pont sous la chauffée. Dans l'intérieur du pavillon il y aura deux grandes poulies en fer, & un ponton aussi de fer & doublé en cuivre; la vanne de fer, de 36 pieds au moins de hauteur , & le ponton feront réunis par deux fortes chaînes de fer, qui passeront sur les poulies de fer de 20 ou 24 pieds de diamètre , en sorte que la vanne de fer & le ponton soient à-peu-près en équilibre. Il résultera de cette construction que lorsque l'eau de la Loire viendra à croître. elle soulevra le ponton , & alors la vanne de fer descendra, & fermera plus ou moins l'ouverture de l'aqueduc souterrein; en sorte que même dans les grandes crûes de la Loire , il ne recevra pas plus d'eau que lorsqu'elle est fort basse ; l'abaissement de la Loire faisant baisser le ponton , & en même tems lever la vanne, agrandira par ce moyen l'ouverture de l'aqueduc , qui ne recevra dans tous les tems que la même quantité d'eau. Il faudra aussi que la vanne de fer soit garnie de rouleaux de même métal, pour faciliter son mouvement dans les feuillures de la mâçonnerie, qui seront aussi revêtues de bandes de fer.

Les puits, au nombre de 140, pour excaver l'aqueduc souterrein, seront disposés en ligne droite & espacés de 50 en 50 toises : par chacun d'eux on excavera 25 toises du côté de Lorris, & 25 toises du côté de la Loire. Les terres provenant de ces fouilles, formeront autour de chaque puits un cavalier circulaire : ces cavaliers indiqueront la route de l'aqueduc souterrein. Les puits seront voûtés sur la roche, sur laquelle on formera aussi un corroi ou batardeau de terre glaise, pour empêcher les eaux supérieures de s'infiltrer par ces puits dans l'aqueduc souterrein.

L'aqueduc souterrein aura 6 pieds de largeur, & 7 ou 8 pieds de hauteur, & 10 pieds de pente depuis la prise d'eau en Loire jusqu'aux environs de Lorris, où il paroîtra au jour pour être continué jusqu'à Paris par une rigole découverte, qui sera dirigée sur Bellegarde & Beaumont en Gâtinois, d'où elle se prolongera, en tournant les collines, pour venir croiser la vallée de la Rivière d'Essonne, entre

Pethiviers & Malsherbes. De-là l'aqueduc sera dirigé vers Etrechy ou Arpajon, en croisant, à une hauteur qui sera déterminée par les nivellemens, le vallon où coule la Juisne ou Rivière d'Etampes : l'aqueduc croisera ensuite les Rivières d'Orge, d'Yvette & de Bievre, pour se terminer au réservoir ou bassin de distribution, à construire en face de l'Observatoire. Ce bassin aura 9 pieds de profondeur ; & la pente totale de l'aqueduc, depuis la prise d'eau en Loire près d'Ouzouër jusqu'à l'Observatoire de Paris, sera de 80 pieds.

Par la disposition de l'aqueduc, découvert le long du plan incliné qui s'étend de la route d'Orléans aux différentes vallées qu'il côtoiera, il restera de grands espaces de terreins au-dessous de son niveau. On pourroit profiter de cette disposition pour arroser ces parties & les fertiliser : dans ce cas l'aqueduc de la Loire deviendroit Canal d'irrigation ; & il conviendroit de donner à la prise d'eau en Loire de plus grandes dimensions, ainsi qu'à l'aqueduc souterrein, afin que l'eau fût en quantité suffisante dans la rigole découverte depuis Lorris jusqu'à l'Observatoire, pour

fuffire aux divers fervices d'irrigation fans diminuer jamais la portion deftinée à la fourniture de
la Capitale ; & nous penfons que les indemnités
à accorder aux Propriétaires des terreins que
traverfera l'aqueduc découvert, feront plus
que compenfées par les bénéfices que produiront les irrigations; & même que l'augmentation de dépenfe pour augmenter fuffifamment,
& en largeur feulement, l'excavation du Canal
fouterrein, pourra trouver un équivalent dans
les améliorations que les irrigations produiront
indubitablement.

Les premières opérations à faire pour établir cet aqueduc, font divers nivellemens, tant
en long qu'en large, dans les terreins compris
entre la route d'Orléans & les Canaux de
Briare, de Loing, d'une part ; & entre la
Loire & la Seine, d'autre part. Ces nivellemens font néceffaires pour bien déterminer le
choix des terreins, par lefquels on doit conduire l'aqueduc découvert de Lorris à l'Obfervatoire ; & ce choix ne peut être fait qu'après ces
nivellemens : ceux de Picard ayant été faits pour
d'autres motifs, & par des routes qui s'écartent
beaucoup de celle que devra fuivre le nouvel

aqueduc ne peuvent être ici d'aucune utilité.
Ces nivellemens de Picard , ſur leſquels on a
voulu répandre des doutes mal-fondés (1) , ont été

---

(1) On a voulu dans ces derniers tems élever des
doutes ſur l'exactitude des nivellemens de Picard, en
objectant qu'il avoit négligé la réfraction. Mais il ſuffit
de lire ſon Traité du nivellement, publié par la Hire ,
article : *Rélations de pluſieurs nivellemens faits par
ordre du Roi*, p. 140 & ſuivantes, pour reconnoître
qu'il étoit très-inſtruit des effets que produit la réfraction : en effet, p. 151 & 152 , il rejette les obſervations faites par des grands coups de niveau parce
que, dit-il, il auroit fallu que les nivellemens réci-
proques par exemple de Paris à la bute de Griphon,
entre Ville-Neuve-Saint-George & Yeres , & de la
bute de Griphon aux tours de Notre-Dame euſſent
été faits en même tems , afin d'être délivré de l'effet
des réfractions. Par les grands coups de niveau , la
rivière de Seine depuis Corbeil juſqu'à Paris, devoit
avoir 26 pieds & demi de pente , aulieu que par
les nivellemens faits en détail le long de ſes rives le
plus exactement qu'il fut poſſible, on n'y trouva que
18 pieds , à quoi, ajoute-t-il, on crut devoir s'en
tenir. Il eſt vrai que le nivellement le long de la rivière
de Loing , qui n'étoit pas alors convertie en canal,
paroît peu exact, on trouve dit-il que de Valvin à
Montargis on étoit monté de 96 pieds , en quoi on ne
pouvoit, comme il le remarque, ſe tromper conſi-

faits pour vérifier s'il étoit pollible de conduire la Loire à Verfailles, comme le propofoit M. Riquet. Le réfultat des opérations de Picard fut la démonftration de l'impollibilité de conduire cette Rivière à Verfailles, à caufe de la grande élévation du fol de ce Château, dont le rez-de-chauffée eft plus élevé que le fommet des tours de Notre-Dame de Paris de 124 pieds, ou que l'Eftrapade, le plus haut quartier de Paris, celui où nous propofons d'amener l'eau de la Loire, de 184 pieds. Ainfi les mêmes nivellemens faits en 1674 & 1678, qui prouvent l'impollibilité de conduire l'eau de la Loire à Verfailles, établiffent au contraire cette pollibilité pour Paris, puifque 80 pieds de pente font bien fuffifans pour y conduire l'eau ; & c'eft d'après cette certitude

---

dérablement quand on n'auroit fait que compter les moulins qui font fur cette rivière, & en eftimant ce qu'il peut y avoir de pente d'une chauffée d'un moulin à l'autre. Ces citations fuffifent pour faire voir que Picard n'a pas négligé l'effet des réfractions & qu'il a abandonné dans la pratique la méthode d'opérer qui expofe le plus les obfervations a être affectées par cette caufe.

que nous sommes fondés à en faire la proposition.

L'eau de la Loire parvenue au réservoir
en face de l'Observatoire, à une hauteur suffisante pour qu'elle pût être distribuée avec
profusion dans tous les quartiers de Paris,
n'entreroit dans le réservoir de distribution,
qu'après avoir traversé des filtres de sable &
de cailloux, ainsi que nous l'avons proposé
pour le réservoir de l'eau de la Rivière
d'Eure.

Ces deux projets, le parachèvement de
l'Aqueduc de Maintenon, & la confection
du Canal de dérivation de l'eau de la Loire,
ont chacun leurs avantages & leurs inconvéniens. Le premier, l'Aqueduc de Maintenon, fourniroit aux Habitations Royales de
Rambouillet & de Versailles, une eau pure
& salubre ainsi qu'à la Ville de Paris ; mais
il feroit beaucoup plus dispendieux que le
second projet, le Canal de dérivation de la
Loire. Mais si celui-ci, à l'avantage de fournir
abondamment Paris d'une eau abondante &
salubre, joint celui de fertiliser de grandes
étendues de terres, en devenant aussi Canal

d'irrigation, il est privé de l'avantage inestimable de pouvoir contribuer à l'embellissement des Habitations Royales que nous venons de nommer ; mais il ne faut pas que l'approvisionnement d'eau d'une aussi grande Ville que Paris dépende de moyens précaires ; il faut pour cette Ville une eau salubre & abondante, qui coule perpétuellement sans pouvoir jamais être interrompue : & cette vue déterminante est parfaitement remplie par le projet de Canal de dérivation de la Loire. Cet aqueduc en effet une fois construit, sera vraiment semblable à une Rivière. Il y aura peu ou point de maçonnerie à construire, la rigole en terre étant suffisante pour conduire l'eau depuis la sortie de l'aqueduc souterrein près de Lorris jusqu'à Paris. Les établissemens de machines hydrauliques de toutes espèces, même les pompes à feu, les conduites de fer proposées pour remplacer l'Aqueduc de Maintenon, doivent donc être rejettés comme moyens trop précaires pour les besoins de la Capitale. Mais pourquoi ne cumuleroit-on point les deux moyens exposés dans ce Mémoire? N'est-ce pas en effet pour une grande Ville, la

Capitale

Capitale d'un grand Empire, qu'il faut concevoir & exécuter de grandes chofes, telles
que les Romains, pendant leur domination
dans les Gaules, en firent conftruire pour des
Villes bien moins confidérables, & ces ouvrages exiftent encore en partie. Si les Goths,
les Vandales n'ont pu parvenir à les détruire
entièrement, ne fommes-nous pas affez puiffans
pour les rétablir. L'eau qui couloit dans ces
aqueducs n'eft pas tarie, elle coule encore ;
mais dans des ravins profonds où elle fe perd.
Nous n'avons plus à craindre les ravages des
Nations barbares ; Lyon, Nîmes, &c. pourroient voir encore couler les eaux qui les
arrofoient du tems des Céfars, fi on réparoit,
fi on reconftruifoit ces ouvrages.

S

AVIS

Sur l'Ouvrage intitulé Physique du Monde.

J'APPRENDS que le bruit se répand que j'ai totalement abandonné l'Ouvrage intitulé, *Physique du Monde*, dont nous avons déjà donné six Volumes *in-*4°. (1), M. Gouſſier & moi. Je dois à ceux de nos Lecteurs, qui attachent quelque prix à la continuation de cet Ouvrage, l'attention de les désabuſer.

---

(1) Pluſieurs Perſonnes reprochent à cet Ouvrage d'être trop volumineux, reproche bien naturel dans le ſiècle où nous vivons ; mais ſi l'on veut bien faire attention qu'il renferme le cours le plus complet de Phyſique générale, c'eſt-à-dire, de Phyſique céleſte & terreſtre, qui ait jamais été préſenté ; qu'il eſt en outre une Bibliothèque générale & raiſonnée de Phyſique, puiſqu'il contient l'analyſe de plus de 300 Volumes écrits ſur cette matière ; qu'enfin l'Hiſtoire naturelle y ſera conſidérée en grand, & qu'on y trouvera en outre les principes phyſiques de la Chimie, ouvrage qui nous manque encore, & qu'exige la nouvelle Phyſique qu'il faudra bien adopter un jour ; ſi on conſidère, dis-je, toutes ces matières, j'ôſe me flatter qne l'on ne trouvera pas qu'elles puiſſent être renfermées & éclaircies dans moins de Volumes.

Il est vrai que les dépenses qu'ont exigé les travaux dans tous les genres, dont je m'occupe, ont diminué considérablement ma fortune, & m'ont forcé d'abandonner Paris ; des malheurs ont troublé mon repos. L'altération de ma santé, suite trop ordinaire de la vie sédentaire & des travaux très-assidus de l'esprit, m'enlève beaucoup de momens précieux ; mais j'espère, dans la retraite que je me suis choisie, employer assez utilement les intervalles pendant lesquels je pourrai travailler, pour que mon Ouvrage n'éprouve point de retard (1).

Les Volumes qui nous restent à donner se suivront de près, & je me flatte qu'avant trois ans, ou tout au plus avant quatre, notre Ouvrage sera terminé.

Nous avons encore huit Sections à donner ; & ces huit Sections formeront, avec les cinq

_____

(1) Je ne me permets ces détails, peu intéressans pour mes Lecteurs, qu'afin de leur prouver que mon ardeur & mon courage pour la continuation de nos travaux, s'éleveront toujours au-dessus de toutes les épreuves.

déjà publiées, le cours de notre Physique générale. Ces huit Sections feront consacrées aux matières suivantes.

La fixième traitera de l'incalefcence de la terre, de tous les effets de l'irradiation folaire fur toutes les parties de la furface du Globe.

Nous y expoferons nos idées fur les grandes faifons de la terre : des preuves évidentes de la variation de la température du Globe lui-même, pendant de très-longues périodes de tems, nous déduirons l'explication de plufieurs phénomènes intéreffans, qui n'en ont pas paru fufceptibles jufqu'à ce jour, tels que les os foffiles, les empreintes de plantes que l'on trouve fouvent, & même en très-grande quantité dans des pays où les analogues de ces foffiles & de ces plantes font aujourd'hui abfolument étrangers, quoiqu'ils paroiffent leur avoir été naturels autrefois ; les coquillages très-nombreux enfouïs dans prefque toutes les parties de la France ; les fchiftes du forêt, couverts d'empreintes de plantes des Indes, & dont les analogues vivent aujourd'hui dans les mers des Indes ; enfin les nombreufes dépouilles d'Eléphants trouvés dans les terres du Nord; voilà des faits qui indiquent démonstrativement que la température des climats a prodigieusement changé. Or, ce n'est que d'après les principes physiques, mathématiques & astronomiques que nous présenterons, que l'on peut concevoir les raisons de ces changemens.

La septième Section traitera de l'Atmosphère & des fluides atmosphériques, & particulièrement de l'Aimant & de l'Electricité : nous espérons prouver, comme nous l'avons indiqué dans nos Volumes précédens, que ces deux fluides ne font que deux modifications du fluide universel, que nous appellons l'éther; fluide que nous avons prouvé être la substance dont la lumière n'est qu'une modification. Ce fluide est le milieu qui propage le mouvement à travers l'espace céleste, mouvement qui, imprimé primitivement au Soleil par l'Auteur de l'Univers, ne peut plus ni se détruire ni s'affoiblir (1). C'est encore le même fluide qui

____

(1) Voyez notre second Volume, qui renferme l'Astronomie Physique.

eſt la véritable cauſe active & déterminante de la chaleur.

Nous dirons quelle eſt la nature de ces deux modifications de l'Ether connues ſous les noms de magnétiſme & d'électricité. Nous ferons connoître leurs combinaiſons & les loix qui les régiſſent.

Nous traiterons enſuite de tous les gaz, de tous les fluides aëriformes.

Nous développerons dans cette même Section nos principes ſur la peſanteur vers la terre, principes que nous avons déjà indiqués dans notre ſecond Volume.

Enfin nous y terminerons l'expoſition complette de la véritable Théorie des Comètes, non pas aſſurément que nous les conſidérions comme placées dans l'Atmoſphère ; mais ce que nous aurons dit en traitant des mouvemens de cette Atmoſphère, rendra plus facile & plus clair ce que nous aurons à dire ſur la formation de ces phénomènes lumineux appelés Comètes, & dont les révolutions périodiques ſont ſoumiſes à des loix que nous ferons connoître, & dont nous avons déjà annoncé la Théorie dans le ſecond Volume.

La huitième Section contiendra l'expofition & la Théorie de tous les grands mouvemens des mers ; & nous en ferons l'application à la Théorie de la configuration de la terre.

La neuvième traitera des Volcans & des Montagnes.

La dixième traitera du règne minéral, & des loix qui déterminent tous les phénomènes que préfente ce règne, & particulièrement de la Théorie phyfique & mathématique des cryftallifations.

La onzième traitera du règne végétal, & contiendra toute la phyfique des végétaux, tous les phénomènes, toutes les modifications de l'efpèce de vie dont ils jouïffent, tous leurs rapports avec l'air & la lumière, tous les effets que produifent fur eux les différens climats & les différens états de l'atmofphère.

La douzième Section traitera du règne animal ; nous y confidérerons particulièrement la nature & l'énergie de la vie dont jouït ce règne. Nous fixerons toute notre attention fur les différens degrès d'intenfité de la vie dont font doués ces différens êtres ; nous étudierons les rapports & les différences qui exiftent entre

le règne végétal & le règne animal ; les rapports & les différences qui exiſtent entre
l'Homme & les autres Animaux. Nous nous
attacherons particulièrement à la Phyſiologie
& à la conſidération des différens mouvemens
naturels & volontaires ; nous obſerverons très-
attentivement les puiſſances de l'Homme, c'eſt-
à-dire la puiſſance, la force d'action qui réſulte
de ſon organiſation & celle de ce que les bons
Phyſiologiſtes appellent *vis vitæ*, la force de
la vie, & cette autre puiſſance qui réſulte
de la faculté de ſentir, & qui dans l'homme
s'élève & s'érige ſi puiſſamment à l'aide de
ſon âme, & produit les paſſions & tous leurs
effets.

Après avoir ainſi parcouru toute la chaîne
des êtres, expoſé les loix qui les régiſſent
tous, & terminé le grand & magnifique tableau
de la Nature, nous conſidérerons plus particulièrement les moyens qu'elle emploie pour
opérer toutes les variétés de ces merveilles, &
pour faire ſuccéder toutes les deſtructions &
toutes les recompoſitions ; nous traiterons enfin
de l'art qui nous apprend à l'imiter dans pluſieurs de ſes admirables opérations.

La treizième Section contiendra donc la Théorie Physique de la Chimie, ou, l'application de tous les principes physiques que nous aurons établis & développés, à toutes les actions qu'opèrent les Chimistes, ou qu'ils peuvent se proposer d'opérer. Ici se terminera notre carrière de Physique générale.

Il est aisé de voir que chaque Section fait un ouvrage à part & complet, soit qu'on le considère comme l'histoire de la Science dont il traite, soit qu'on le considère comme une Bibliothèque raisonnée de cette Science, soit enfin qu'on le considère comme présentant sa Théorie générale & particulière, c'est-à-dire les rapports de cette Théorie, avec toutes celles qui forment la Science de la Nature & avec les principes particuliers de chaque Science.

Quant à la seconde partie de notre Ouvrage, celle que nous avons annoncée sous le titre de *Carte Physique & hydrographique de la France*, à laquelle doit être joint un *Traité général de la navigation intérieure de ce Royaume*, & le *système de la coordonnation la plus avantageuse de ses routes de terre avec ses routes d'eau*; comme cette partie ne dépend pas de nous feuls, & que l'agrément ou même le concours du Miniftère lui eft indifpenfablement néceffaire, je ne puis lui affigner un terme fixe : c'eft pour prouver mon zèle que j'ai détaché quelques-uns des morceaux qui lui font deftinés. J'ai défiré de mettre le Public en état de juger en parfaite connoiffance de caufe, des effets qui réfulteroient de mes principes & de mes travaux, fi ces derniers étoient aidés & favorifés par la puiffance miniftérielle dont ils dépendent effentiellement.

Depuis quelques années les efprits fe font dirigés avec ardeur vers les idées de navigation intérieure ; ces effervefcences auxquelles notre Nation fe livre aifément font rarement durables ; puiffe celle-ci n'avoir pas le fort de tant d'autres ! puiffe l'impreffion que paroît avoir fait cette importante confidération, produire les effets fi défirables que l'on a droit d'en efpérer. Mais, j'ôfe l'affirmer avec confiance, ce qu'il faut faire avant tout, c'eft un plan général de toutes les navigations poffibles à établir, afin de choifir dans ce nombre celles qu'il convient véritablement de préférer. Il faut établir & déterminer le fyftème général des routes d'eau les plus utiles, les coordonner avec les routes de terre.

Ordonner l'exécution de tous les Canaux qui feront propofés, lorfqu'ils préfenteront feulement quelque avantage local, c'eft, ainfi que je l'ai dit, courir les rifques de s'ôter les moyens d'en conftruire de plus avantageux. Je me réfère à cet égard à ce que j'ai dit page 125 de ce Volume.

Suppofons qu'un Prince veuille bâtir une Ville, feroit-il raifonnable qu'il n'en fît pas d'abord faire le plan, qu'il ne déterminât pas la direction des rues, & les fituations des places publiques, des halles, des marchés, pour faciliter les communications & le commerce intérieur de cette Ville. Or, les Canaux font les voies des circulations, & les ports qu'il convient de déterminer dans l'intérieur du Royaume, font les centres où doivent fe réunir les communications, & d'où les différentes denrées doivent fe porter par les routes les plus courtes aux lieux où les befoins les appellent.

Je répète donc, en finiffant, ce que j'ai

déjà dit plufieurs fois, *il faut un plan général
des routes de terre & d'eau.*

Puiffe au moins mon zèle pour l'avancement des Sciences, & pour la gloire & la
profpérité de ma Patrie, me faire pardonner
les erreurs dans lefquelles je fuis peut-être
tombé à l'un & à l'autre de ces égards. J'in-
voque les lumières de tous ceux qui peuvent
relever mes fautes ; j'ôfe me flatter que j'ai
donné affez de preuves de reconnoiffance &
de docilité pour mériter cette faveur, dûe à
tous ceux qui ont le noble courage de fe
livrer aux grandes confidérations dont je
m'occupe.

Si je n'acquiers pas le droit de dire avec
Horace : *Exegimonumentum ære perennius,* « j'ai
élevé un monument plus durable que l'airain »,
Je dirai au moins avec l'immortel Bâcon : *Nos
pufillum acervum pulvifculi congeffimus, & fub
eo complura fcientiarum & artium grana con-
didimus quo formicæ reptare poffint, & paula-
tim conquiefcere, & fubindè ad novos fe labores
accingere* (1). « J'ai élevé un petit monceau de

____

(1) Bâcon de augmentis, L. VI. Chap. L.

pouſſière, & j'y ai renfermé pluſieurs ſemences des Sciences & des Arts. Les fourmis pourront y remper, s'y repoſer, & ſe préparer enſuite à de plus grands travaux ».

EXTRAIT

*Très-sommaire des sept premiers Volumes de
la Physique du Monde.*

LES Sections que nous avons données, sont.

1°. Volume premier. La partie Polémique ou l'examen de tous les systêmes de Cosmogonie, qui ont été présentés, & particulièrement de celui de M. le Comte de Buffon.

2°. Volume second. L'Astronomie physique, dans laquelle nous avons exposé les loix qui régissent les corps célestes, & appliqué ces loix à tous les mouvemens de ces corps, & sur-tout à ceux de ces mouvemens que l'on regardoit jusqu'à présent comme n'étant soumis à aucunes loix, à ceux dont les Astronomes disoient : *hi motus omnes originem non habent ex causis mechanicis.* « Tous ces mouvemens ne doivent leur origine à aucune cause méchanique ». Comme si dans une machine il pouvoit exister des forces qui ne fussent pas méchaniques. Nos principes, qui ne sont point des hypothèses, ont suffi pour l'explication de tous les phénomènes des corps célestes, succès que n'avoient encore obtenu aucuns principes ; & tout le monde peut nous entendre & nous juger. Notre cinquième Volume préfente des reponfes à toutes les objections qui nous ont été propofées à cet égard.

3°. Volume trois. Nous avons prouvé que la Théorie de la lumière, reçue jufqu'à ce jour, étoit inadmiffible ; & nous en avons donné une qui fatisfait à tous les phénomènes. Fondée fur des principes certains & démon-trés, elle devient plus claire & plus intéref-fante encore par fon analogie avec le fon.

Nous avons joint à ce Volume la defcrip-tion des principaux inftrumens d'Optique.

4°. Volume quatre. La Théorie de la lumière reçue jufqu'à préfent étant démon-trée fauffe, celle des couleurs l'étoit néceffai-rement ; nous avons préfenté cette Théorie, & elle a fatisfait à tous les phénomènes de la vifion & des couleurs, que nous avons diftinguées en quatre claffes, les couleurs permanentes, les couleurs apparentes, les couleurs accidentelles, & les couleurs phan-taftiques.

5°. Volumes cinq, fix & fept : ces trois Volu-

mes font confacrés à la Théorie du feu. Le cin-
quième Volume renferme un Difcours préliminaire fur les effets de la chaleur dans les différens climats ; ce Difcours eft fuivi de l'expofition & de l'examen de toutes les opinions préfentées fur le feu , depuis les tems de la Mythologie jufqu'à l'Abbé Nollet. Le fixième préfente l'expofition & l'examen de toutes les opinions des Savans, qui ont écrit depuis l'Abbé Nollet jufqu'à l'inftant où ce Volume a été imprimé. Le feptième Volume (1) renferme notre Théorie ; nous diftinguons le feu en feu obfcur ou en fimple raréfaction , & nous prouvons que cette modification des corps ne peut être attribuée qu'à la fubftance de la lumière agiffant dans les corps par fa feule élafticité ; & en feu lumineux ou accompagné de lumière , & nous prouvons que cet effet ne peut être rapporté qu'à un principe particulier qui eft un véritable élément, & que nous nommons principe inflammable. Nous appliquons enfuite nos principes à tous les phénomènes du feu ;

____

(1) Ce Volume n'a point encore paru ; mais il eft fous preffe & même très-avancé.

ils

ils deviennent tous faciles à expliquer ; & nous ôsons-nous flatter que nous avons enfin trouvé le mot de cette grande énigme de la Nature. On connoît enfin ce Prothée qui se déguise sous tant de formes, que de grands Philosophes étoient tentés de le regarder comme tenant le milieu entre les êtres matériels & les êtres spirituels.

Cet Ouvrage se trouve au Bureau de la Physique du Monde, rue Saint-Jean de Beauvais, maison du sieur Rochette, Relieur.

Chez le sieur de la Fosse, Graveur, au petit Carrousel.

Et chez les sieurs Didot, le jeune, Libraire, quai des Augustins ;

Quillau, Imprimeur, rue du Fouare ;

Nyon, l'aîné, Libraire, rue du Jardinet ;

Barrois, le jeune, Libraire, quai des August.

Onfroy, Libraire, rue du Hurepoix.

T

ADDITION.

Lettre de M. Fleuret, Profeſſeur d'Architeƈure Militaire, à l'Ecole Royale Militaire, adreſ-ſée à M. le Baron de Marivetz.

Paris, le 9 Septembre 1786.

Monsieur,

L'intérêt que vous prenez à tout ce qui peut contribuer à l'utilité publique, m'engage à vous faire part d'un procédé de conſtruction que j'ai vérifié pendant mon ſéjour en Lorraine.

M. Mengin, Architecte à Nanci, ayant lu les Mémoires de M. de la Faye, fur la manière de bâtir des Grecs & des Romains, a imaginé, en 1780, de faire conftruire par encaiffement trois foudres ou réfervoirs à vin, dont la réuffite a déterminé un grand nombre de particuliers à en faire faire de pareils, tant dans l'intérieur que dans les dehors de cette Ville.

Les murs de ces réfervoirs qui fe trouvent adoffés aux gros murs de la maifon, n'ont que 5 pouces d'épaiffeur. Ceux qui font ifolés ont un pied ; & le fond n'a que 5 pouces, fur un maffif de maçonnerie ordinaire.

Deux de ces réfervoirs deftinés à mettre du vin, ont intérieurement 5 pieds de profondeur, 7 de largeur, & 7 & demi fous voûte. L'ouverture par laquelle ou les remplit a un pied carré, & fe ferme avec un plateau de bois de chêne, ou une dalle armée d'un anneau de fer. Le troifième réfervoir qui fert de cuve pour faire le vin, a intérieurement 8 pieds de longueur, 3 de largeur, & 6 de profondeur. Des tampons de bois dur fervent de robinets.

T ij

Au bout de six semaines de construction, M. Mengin fit remplir d'eau ces réservoirs, & ayant reconnu, un mois après, que l'eau s'y étoit maintenue sans aucune diminution bien sensible, il se détermina à les faire remplir de vin. La première année cette liqueur se décolora par l'effet de la chaux, qui corrompt toutes les couleurs qui proviennent des végétaux ; ce qui ne fut point arrivé s'il eût fait frotter les enduits intérieurs avec du Saindoux, comme faisoient les Romains dans leurs citernes & aqueducs, ainsi que M. de la Faye l'explique dans ses Mémoires.

M. Mengin encouragé par ces essais, a fait faire dans sa cour une auge de 9 pieds de longueur sur 4 de largeur, & 2 & demi de profondeur, dont les parois ont environ 7 pouces d'épaisseur. Cette auge, qui depuis 5 ou 6 ans reçoit les eaux d'une pompe, & qui sert à abreuver les chevaux, a conservé ses arrêtes vives, quoiqu'elle soit exposée au frottement des seaux dont les Cochers & Domestiques se servent pour y puiser journellement.

Le mortier employé à cette construction

eſt devenu ſi dur, que l'inſtrument le plus aigu ne peut l'entamer. Le tout a été fait par encaiſſement, en répandant ſucceſſivement du mortier & des cailloux mêlés dans des fragmens de pierres dures, qu'on entretenoit dans des baquets remplis d'eau pour qu'il n'y reſtât aucune partie terreuſe ; & chaque lit de ces matières étant parfaitement maſſivé, le plus fluide du mortier, qui ſe portoit vers les planches, a formé les enduits. C'eſt avec un caillou bien uni, qu'après avoir ôté l'encaiſſement, M. Mengin a fait donner à ces enduits un poli auſſi parfait que celui qu'on donne au marbre.

Les trois réſervoirs à vin contiennent 600 pieds cubes. M. Gandel, Avocat, en a fait conſtruire onze dans ſa Maiſon de Pompey, à deux lieues de Nanci, qui contiennent 1800 pieds cubes.

Les Hermites de Saint-Joſeph, à deux lieues & demi de cette Ville, en ont fait faire de pareils, qui ſont de la plus grande beauté, & qui contiennent 900 pieds cubes.

MM. les Chanoines Réguliers d'Autey, en ont fait conſtruire de même à Varangeville,

& par-tout on a reconnu que le vin se bonifie dans ces réservoirs.

M. le Marquis de Ludre, a fait faire, il y a 4 ans, dans sa terre de Ludre, avec le même mortier & des fragmens de pierres dures, un tuyau qui lui amène l'eau d'une fontaine, à la distance de 203 toises, dont la pente est de 121 pieds.

Je ne vous parle ici, Monsieur, que des constructions que mon peu de séjour à Nanci m'a permis de vérifier, & qui m'ont fait d'autant plus de plaisir, qu'elles m'ont confirmé l'utilité des découvertes de M. de la Faye, dont je m'étois assuré moi-même par une infinité d'épreuves. Je vais actuellement vous indiquer le procédé tel qu'il m'a été expliqué par M. Mengin.

Cet habile Constructeur a fait verser son sable dans des baquets où il y avoit de l'eau.

Il a fait prendre une mesure de ce sable, dont on a formé, sur un plancher préparé, un petit bassin, comme font nos manœuvres. Ensuite il a fait plonger dans un baquet plein d'eau, une demi-mesure seulement de pierres de chaux , & quand les gros bouillons ont cessé à la surface de l'eau , il a fait verser cette chaux dans ce bassin , & l'a fait couvrir parfaitement avec le sable qui formoit ledit bassin.

Alors la chaux se dissolvant, exhaloit sa vapeur méphitique au-dehors , en se faisant jour à travers le sable ; mais les manœuvres avec leurs pelles retroussoient le sable par-dessus , pour boucher les passages par lesquels cette vapeur s'échappoit. Ensuite après avoir parfaitement mêlé ces matières , M. Mengin y faisoit ajouter une très - petite portion de chaux fusée pour les rendre plus liquides.

Tel est le mortier dont il a fait usage pour ses constructions ; & tandis qu'un mâçon en employoit une augée , son manœuvre lui en préparoit une autre, en observant toujours le même procédé.

Ce mortier, qui prend corps presqu'aussi vîte que le plâtre , & qui conserve le salino-terreux de la chaux, se trouve indiqué dans les Mémoires de M. de la Faye , aux articles où il traite de la préparation de la chaux pour les conftructions, & de la nature des fables qui y font propres. C'eft avec un pareil mortier, compofé, par tiers, de pierres de chaux trempées, de poudre de pierres & de fable mêlés enfemble & imbibé d'eau, que M. de la Faye a fait faire, il y a 7 ans, chez Madame la Comteffe de Coaflin, place de Louis XV, cinq petites parties de terraffes, qui ont réfifté à toutes les injures de l'air, & qui ont acquis le coup-d'œil & la confiftance de la pierre la plus dure.

La feule différence que je remarque, c'eft que M. de la Faye n'a point employé de chaux fufée, comme a fait M. Mengin, ayant éprouvé qu'en rempliffant de fable un feau à demi plein d'eau, le fable verfé fur un demi feau de pierres de chaux trempées, contenoit exactement le volume d'eau néceffaire pour faire un mortier auffi gras qu'adhérent, lorfqu'on avoit l'attention de conferver la vapeur humide & méphitique de la chaux, en rebouchant tous les paffages par lefquels elle pouvoit s'exhaler, & en préparant ce mortier ſur un plancher non ſpongieux.

J'ai l'honneur d'être avec reſpect,

MONSIEUR,

Votre très-humble & très-obéiſ-
ſant Serviteur, FLEURET,
Profeſſeur d'Architecture Militaire, à l'Ecole Royale
Militaire.

De l'Imprim. de QUILLAU, Impr. de S. A. S. Mgr.
le Prince de Conti, rue du Fouare, n°. 3.

Fin de la Table.

www.ingramcontent.com/pod-product-compliance
Lightning Source LLC
LaVergne TN
LVHW021531170726
843501LV00004B/1028